PETRA DURST-BENNING
CAROLA KUSCH

Der große
Spiele-
Spaß
für
Hunde

PETRA DURST-BENNING
CAROLA KUSCH

Der große Spiele-Spaß für Hunde

60 Spiele für drinnen
und draußen

Kosmos

Mit 98 Farbfotos von Petra Durst-Benning (35, S. 7u, 12, 15, 24, 31, 40, 45, 50, 52, 55, 57, 61, 63, 65, 67, 69, 70, 73, 74, 76o, 77, 82, 85, 90, 91, 93, 94, 97, 99, 101, 102, 103o, 106, 108, 114), Juniors Bildarchiv (4, Liebold S. 49, Schanz S. 32, 43, 54), Eva-Maria Krämer (2, S. 42, 58), Carola Kusch (alle übrigen 51 Aufnahmen) und Christine Steimer (6, S. 2, 11, 17, 21, 104, 105).

Umschlaggestaltung von Atelier Reichert, Stuttgart, unter Verwendung von 3 Aufnahmen von Christine Steimer.

Herzlichen Dank möchten wir allen Hunden (und ihren Haltern) sagen, die sich aktiv an den Spielen beteiligt haben: Adrian vom Schwäbischen Barock-Winkel (Golden Retriever), Alf (Labrador-Setter-Mix), Buffy of Proud Selection (Cindy, Sheltie), Cynthia of Golden House (Sandy, Golden Retriever), Elfi (Golden Retriever), Elsa (Schafhütehund), Laika vom Liebenauer Schloß (Deutscher Schäferhund), Mara von der Habersdorfer Linde (Berner Sennenhund), Purzel (Westie), Xilla und Xillo vom Liebenauer Schloß (Deutsche Schäferhunde). Weitere Darsteller: Balou, Basko, Berry, Carlo, Chris, Cindy, Dasko, Dundee, Dunja, Gypsy, Orry, Wotan, Xanto, Yaska u. v. a.

ISBN 3-440-07480-3
Grundlayout: Jürgen Reichert, Stuttgart
Lektorat: Angela Beck
Herstellung: Lilo Pabel
Printed in Czech Republic/Imprimé en République tchèque
Satz: Typomedia Satztechnik GmbH, Ostfildern
Druck und Binden: Těšínská Tiskárna, a.s., Český Těšín

Die Deutsche Bibliothek –
CIP-Einheitsaufnahme

Durst-Benning, Petra:
Der große Spiele-Spaß für Hunde : 60 Spiele für drinnen und
draußen / Petra Durst-Benning ; Carola Kusch.
– Stuttgart : Kosmos,
1997
ISBN 3-440-07480-3

Inhalt

Vorwort

„Ein Hund spiegelt die Familie: Wer sah jemals einen munteren Hund in einer verdrießlichen Familie oder einen traurigen in einer glücklichen? Mürrische Leute haben mürrische Hunde, gefährliche Leute gefährliche."

Conan Doyle (Sherlock Holmes)

„Und fröhliche Familien haben fröhliche Hunde" möchten wir diesen weisen Worten anfügen, die auch dem Buch „Das Beste für meinen Hund" von Peter Beck vorangestellt sind. Daß Sie, liebe Leserinnen und Leser, glücklicherweise zu dieser Gruppe gehören, beweist die Tatsache, daß Sie unser Buch in Händen halten: In einer Familie, wo Zeit und Raum existieren für gemeinsames Spielen, wo Alltagspflichten sich mit spielerischen Pausen abwechseln, und wo die Freude am Miteinander mehr wert ist als aller Kasernenhofdrill und Kadavergehorsam, wie ihn auch heute noch so mancher „Hundefreund" von seinem Kameraden verlangt – da kann es nur einen glücklichen Hund geben!

So einfach und logisch das klingt, so berechtigt ist dennoch die Frage: Wann ist ein Hund glücklich?

Lassen Sie uns gemeinsam eine Definition versuchen: Ein Hund wird dann glücklich und zufrieden sein, wenn er sich seines Platzes innerhalb seines Rudels sicher ist und wenn für seine körperlichen und seelischen Bedürfnisse gesorgt wird. Diese können je nach Rasse etwas anders aussehen: Eine ausgespro-

Carola Kusch

Petra Durst-Benning

chene Hütehundrasse wird nur dann glücklich sein, wenn der Hund entweder gemäß seiner ursprünglichen Aufgabe eingesetzt wird oder wenn für entsprechende Ersatzbeschäftigung gesorgt wird! Geschieht dies nicht, gerät ein Hütehund schnell aus seinem seelischen Gleichgewicht, beginnt, die Fische im Aquarium zu hüten oder die Figuren im Fernsehen. Statt solchen Verhaltensstörungen auf den Grund zu gehen, werden sie vom Hundehalter oft mit Unverständnis und Strafen beantwortet.

Andere Frage: Haben Sie schon jemals einen Windhund kennengelernt, der als dekoratives Anhängsel seines modebewußten Frauchens dabei glücklich wurde, sie von einer In-Kneipe in die nächste zu begleiten? Lauffreudige Hunde wollen sich bewegen; die Distanzen, welche ihre Vorfahren in der ägyptischen Wüste oder der Weite der russischen Tundra zurückgelegt haben, liegen auch ihnen noch im Blut. Nur: Wer kann seinem Afghanen schon das ideale Rennbahntraining bieten? Wer geht mit seinem Barsoi-Trio heutzutage noch auf die Bärenjagd? Als Ersatz brauchen diese Hunde vielseitigen Auslauf, der von lockeren Sprints über gemütliches Joggen bis hin zu sportlicher Fahrradbegleitung reichen kann.

Die Liste könnte unendlich lang fortgesetzt werden: Wieviele Dackel werden heute noch in den Fuchsbau geschickt? Wieviele Vertreter der Schutzhunderassen werden tatsächlich als Begleiter im Streifendienst eingesetzt? Und gibt es noch Bobtails, die Viehherden zum Markt treiben, sie dabei vor Wegelagerern und wilden Tieren schützen?

Es ist eine traurige Tatsache, daß viele Hunde einzig und allein als Zeitvertreib und Gesellschafter für ihre Besitzer gehalten werden. Dagegen ist an und für sich nichts einzuwenden, nur: Wird der Hund dadurch zum lebendigen Bettvorleger degradiert, werden seine urhündischen Bedürfnisse außer acht gelassen, kann von einer Partnerschaft zwischen Mensch und Tier nicht mehr die Rede sein. Dann ist Hundehaltung nur ein Beweis mehr für die Wegwerf- und Konsummentalität unserer Gesellschaft, in der eine echte Auseinandersetzung mit dem Lebendigen immer seltener wird und zugunsten des Kaufenkönnens und des passiven Konsumierens verdrängt wird.

Ein Hund will beschäftigt werden; willig und mit Freude wird er Aufgaben, die sein Mensch ihm stellt, zu bewältigen versuchen. Und gerade hierin liegt für uns Hundehalter die ganz große Chance: Indem wir uns mit unseren Hunden beschäftigen, mit ihnen spielen und toben, schaffen wir gleichzeitig auch für uns selbst kleine Fluchten.

Nicht umsonst gelten Hundehalter nach neuesten Forschungsergebnissen als die ausgeglicheneren, gesünderen Menschen: Wer zwischendurch – dem stark reglementierten Alltag zum Trotz – eine Spiel- oder Streichelrunde mit seinem Wau einlegt, vergißt für kurze Zeit alles um sich herum und kehrt danach erfrischt zum Tagwerk zurück.

Und genau hier kommt das Spiele- und Freizeitbuch für Hunde ins Spiel: Wir wollen Ihnen Anregungen für einen spielerischen Umgang mit Ihrem Hund geben. Mit unseren Spielideen gelingt es Ihnen, Ihren Hund sinnvoll zu beschäftigen und so Verhaltensstörungen zu vermeiden, die aus Langeweile und purer Unterforderung heraus entstehen können.

Die Arbeit in einem Hundesportverein ist eine gute Möglichkeit, sich mit dem Hund zu beschäftigen, ihn auszubilden. Nur: Solche Übungsstunden beschränken sich auf ein-, zweimal die Woche, fordern dabei einen hohen Aufwand an Zeit und Engagement, zu dem nicht jeder Hundehalter bereit ist. Auch fühlt sich nicht jeder zum Hundesportler „berufen" – dem einen sagt das Angebot im örtlichen Hundeverein nicht zu, andere finden vielleicht den Ausbilder nicht sympathisch oder den Umgangston zu rauh, wiederum andere haben zwar mit ihrem Hund einen Grundkurs in Gehorsam mitgemacht, doch damit hatte sich ihr sportlicher Ehrgeiz auch schon erschöpft.

Ob mit oder ohne Hundesportverein: Hunde wollen die ganze Woche, das ganze Jahr über, beschäftigt werden – mit unseren Anregungen eine Leichtigkeit!

Daneben kommt jedoch noch ein zweiter, mindestens ebenso wichtiger Aspekt zum Tragen: Gemeinsames Spielen fördert das gegenseitige Verständnis zwischen Mensch und Hund, macht aus beiden ein Team, das sich wirklich gut versteht.

Und das ist eigentlich ganz logisch, denn: Wer viel mit seinem Hund unternimmt, spricht mehr mit ihm als derjenige, der ihn nur stundenweise aus seinem Zwinger befreit. Beim Spielen lernen Hund und Mensch die gegenseitige Gestik und Mimik kennen, „hündisch"

ist so für Sie bald keine Fremdsprache mehr und Ihrem Hund geht es umgekehrt ebenso! Sie werden beide lernen, die Stimmungen und Vorlieben des anderen zu deuten, wissen bald, was dieses Augenzwinkern, jenes Schnaufen zu bedeuten hat. Vielleicht werden Sie dabei erstaunt feststellen, welches breite „Stimmungsspektrum" Ihr Partner Hund mit sich trägt.

Umgekehrt lernt auch Ihr Hund, sich intuitiv Ihren Stimmungen anzupassen: Spürt er Ihre Fröhlichkeit, wird auch er ausgelassen reagieren, ein Spielzeug nach dem anderen anschleppen und Sie herzhaft frisch anrempeln. Sind Sie jedoch einmal traurig und still, wird er versuchen, Sie aufzumuntern oder auch in Ruhe zu lassen. Von außen betrachtet heißt es dann: „Die beiden sind ein tolles Team!" Selbst für den unbeteiligten Betrachter wird das innige Verständnis zwischen Mensch und Tier spürbar.

Und noch einen Aspekt beim Spielen wollen wir kurz beleuchten: Denn es geht nicht nur um ein besseres gegenseitiges Verständnis und darum, den Hund zu beschäftigen, sondern darum, gemeinsam mit ihm Zeit zu verbringen. Was sich völlig logisch anhört, wird uns Hundehaltern manchmal verdammt schwer gemacht. Wohin wir auch blicken, überall starren uns Verbotsschilder entgegen: Im Stadtpark dürfen Hunde nicht von der Leine, auf dem Marktplatz sind sie ganz verboten, bei Tante Frieda ist unser Wau ebenfalls nicht gern gesehen und mit zur Arbeit darf er nur bei den wenigsten.

Von den Schwierigkeiten, mit einem

Hund ein Urlaubsquartier zu finden, wollen wir gar nicht erst reden. Obwohl, gerade hier scheinen sich einige Lichtblicke am Horizont aufzutun: Seit einiger Zeit spezialisieren sich etliche Hotels und Pensionen sogar auf Urlaub mit Vierbeinern. „Gemeinsam statt einsam" könnte man deren Devise vielleicht überschreiben.

Und genau darum geht es uns ebenfalls. Gemeinsam verbrachte Freizeit statt Ausgrenzung des Hundes, das wäre unser Wunschtraum, der mit unseren Anregungen zumindest ein stückweit zu verwirklichen ist: Sie wollen etwas für Ihre Fitness tun? Wir empfehlen Outdoor-Fun mit Hund statt muffigem Fitness-Studio! Sie träumen von ausgedehnten Fahrradtouren, wissen aber nicht, ob Ihr Hund dabei mithalten kann? Wir verraten Ihnen, was dabei wichtig ist.

Dabei spielt es keine Rolle, ob Ihr Hund nun zu den Kleinsten oder den Größten seiner Art gehört. Auch macht es gar nichts aus, wenn er schon ein paar Jährchen auf dem Buckel hat und gemütlich seiner Seniorenzeit entgegensieht. Gemeinsames Spielen, gemeinsam verbrachte Freizeit ist immer angesagt – dabei spielt weder die Größe noch das Alter des Hundes eine Rolle.

Auch ob Sie selbst besonders sportlich sind oder nicht, ist völlig zweitrangig! Suchen Sie sich einfach die Spiel- und Freizeitideen heraus, die für Sie und Ihren Hund passen! Ihre Vorlieben und die Ihres Hundes sind das Maß aller Dinge! Kein Zwang, kein falscher Ehrgeiz sollte unsere Spiel- und Freizeitideen begleiten, sondern ein spielerisches Lernen und gemeinsames Tun.

Ganz wichtig dabei: Sie müssen nicht spielen, Sie dürfen! Sind Sie zu müde oder haben Sie einfach mal keine Lust, dann lassen Sie's bleiben. Oder suchen Sie sich eine Spielidee heraus, mit der sich Ihr Hund auch einmal für einige Zeit selbst beschäftigt. Umgekehrt wird ein Schuh daraus: Ist Ihr Hund einmal zu träge zum Spielen, dann lassen Sie ihn auch gewähren. Selbst bei unserer Sportskanone Alf kann es vorkommen (wenn auch selten genug ...), daß er zum Spazierengehen einfach keine Lust hat: Lustlos und müde trottet er dann neben uns her, vorwurfsvolle Blicke verfolgen jeden unserer Schritte, bis wir uns schließlich beugen und zum Auto umkehren. Und plötzlich, siehe da: Beschwingt und heiter kann es ihm auf einmal nicht schnell genug gehen.

Doch kann der gemeinsame Spaziergang auch das Gegenteil bewirken: Unsere Laika, ihres Zeichens eine Dame aus der Gruppe der Gebrauchs- und Arbeitshunde, verhält sich während ihrer Läufigkeit genauso wie manche zweibeinige Geschlechtsgenossin auch: Sie fühlt sich unwohl, braucht viele Streicheleinheiten, und zwar solange, bis ihr die Kraulerei auf die Nerven geht, dann ist sie wieder grantig und widerborstig, kurzum: Herrlich launisch mit null Bock auf gar nichts ... Erst wenn einer von uns ihr geliebtes Balli auspackt und eine ausgiebige Runde „Fang den Ball" mit ihr spielt, ist die Welt für sie wieder in Ordnung. Fazit: Hunde sind eben auch nur Menschen ...

In diesem Sinne wünschen wir Ihnen viele lustvolle, spannende und unterhaltsame Spielstunden!

Spielen – ein natürlicher Trieb des Hundes

Warum ist Spielen für den Hund so wichtig?

Haben Sie sich schon einmal Gedanken darüber gemacht, warum Hunde, ganz besonders Welpen und junge Hunde, ständig spielen wollen und auch müssen? Warum auch erwachsene Hunde immer eine wilde Hatz lieben?

Oder warum sie unermüdlich und mit wachsender Begeisterung hinter jedem weggeworfenen Balli, Stöckchen, Frisbee etc. herjagen? Ist „Spielen" dem Hund nun angeboren oder anerzogen oder etwa beides?

Hierzu müssen wir uns über die Ursprünge unseres vierbeinigen Hausgenossen klar werden. Sehen wir uns einmal bei den Urahnen eines jeden Hundes – nämlich dem Wolf – und bei seinen Welpen um. Kaum, daß sich die Wolfsjungen einigermaßen selbständig bewegen können und die Augen geöffnet haben, beginnt ihre Auseinandersetzung mit den Geschwisterwelpen. Was am Anfang noch tapsig und unbeholfen aussieht und wie im Zeitlupentempo abläuft, wird mit zunehmendem Alter zu einem richtigen Gerangel mit viel Geknurre und ungebremstem Körpereinsatz! Spielerisch wird bereits in den ersten Lebenswochen ausgetestet, wie stark man selbst bzw. wie kräftig und durchsetzungsfähig der andere ist.

Ebenso wird alles untersucht, was den Wolfswelpen in den Weg kommt: Äste werden angenagt, Blätter, Gras und sogar andere Tiere wie Frösche, Käfer oder Schnecken ausgiebig beschnüffelt und wenn möglich angeknabbert und gefressen. Wer nun glaubt, dies geschehe nur aus Jux und Tollerei, der irrt sich gewaltig! All diese spielerischen Aktivitäten haben nur den einen Sinn: sie sollen die Welpen auf das Leben als erwachsene Tiere vorbereiten. Denn sowohl das positive Sozialverhalten innerhalb des Rudels wie auch sicheres Verhalten seiner Umwelt gegenüber sind dem Wolfswelpen nicht angeboren, wohl aber die Veranlagung dazu über das Spielen!

Sollten Sie gerade einen Hundewelpen zu Hause haben, und sollten Sie die vorangegangenen Zeilen aufmerksam gelesen haben, ist Ihnen bestimmt aufgefallen, daß dieser sich ganz genauso beschäftigt wie seine Urahnen: Der zwölf Wochen alte Rauhhaardackel produziert mindestens einmal am Tag Sägespäne aus dem Tischbein; der zehn Wochen alte Golden Retriever spielt mit einer solchen Energie Fangen mit den Kindern seiner Familie, daß die Mutter dutzendweise dreieckige Risse in deren Kleidung flicken kann; der kleine Schäferhund – gerade drei Monate alt – stöbert schon wieder einen überfahrenen Frosch auf und verschlingt ihn mit Genuß!

Der einzige Unterschied zwischen dem Spiel von Wolf und Haushund besteht eigentlich darin, daß der Wolf irgendwann aufhört zu spielen – in der Regel mit der Pubertät – und sein „spielend" erlerntes Wissen zum Nutzen und im Interesse des ganzen Rudels einsetzt.

Der Haushund hingegen ist eigentlich ein Wolf, der nie richtig erwachsen geworden ist. Er spielt auch nach der Pubertät noch sehr gerne Ball oder sonstige Beutespiele, wobei er es zu wahren sportlichen Meisterleistungen bringen kann.

Spielen ist den Caniden (Hundeartigen) also tatsächlich erst einmal angeboren und erfüllt einen sehr wichtigen Zweck: nämlich im Spiel lernen fürs Leben. Die richtige Nutzung der Spielbereitschaft bzw. der angeborenen Triebe liegt allerdings in der Hand jedes einzelnen Hundehalters! Ob Sie mit Ihrem Vierbeiner später Hundesport betreiben

Für jeden Hund ist es wichtig, schon im Welpenalter positives Sozialverhalten zu lernen.

wollen oder einfach einen geselligen Hausgenossen haben möchten, der mit Ihnen im Garten mit der Frisbee-Scheibe Fangen spielt, kommt ganz darauf an, inwieweit Sie Ihren Hund weiterhin fördern.

Bei unseren heutigen Haushunden ersetzt die Menschenfamilie das Wolfsrudel. Und natürlich wird der Welpe dort genau das tun, was sein Instinkt bzw. seine Triebe ihm raten: Spielen, Raufen, alles Neue benagen. Verständlich, daß dies für uns Menschen eine sehr unangenehme Phase im Leben eines Vierbeiners ist. Wenn Sie den Welpen ungehindert seine Erfahrungen sammeln lassen, können Sie sich schon mal auf die nächste Wohnungsrenovierung gefaßt machen!

Seine eigentlich positiven Triebe aber gleich von Anfang an im Keim zu ersticken, ist nicht nur sehr unklug, sondern für den Hund sowohl physisch wie psychisch sehr ungesund. (Wer also nicht bereit ist, ein paar zerrupfte Schuhe oder eine abgenagte Topfpflanze zu riskieren, sollte sich überlegen, ob ein Hund das richtige Heimtier für ihn ist.)

Was ist beim Hund ein „Trieb"?

In kynologischen Schriften finden wir folgende Definition: „Trieb ist die ererbte Bereitschaft des Hundes zu einem bestimmten Verhalten." Das bedeutet also, daß alle Handlungen, die einem Tier nicht gelehrt oder andressiert wurden, die also von Geburt an im Instinkt vorprogrammiert sind und in jedem Fall ablaufen, zu den trieblich bedingten Verhaltensweisen des Hundes gehören.

Der Wolf ist der Urahn aller unserer Haushunde.

Über welche Triebe verfügt ein normaler, gesunder Hund?
- Geschlechtstrieb (durch ihn wird der Fortbestand der Rasse gesichert und weitergeführt),
- Freßtrieb (dient zur Erhaltung des Individuums selbst),
- Spieltrieb (resultiert aus dem Bewegungs- und Betätigungstrieb),
- Wehrtrieb (offene Verteidigung gegen eine Bedrohung),
- Kampftrieb (Bestreben des Hundes, seine Kräfte sowohl spielerisch wie auch im Ernst mit einem Rivalen zu messen),
- Schutztrieb (Bereitschaft des Hundes, sich im Interesse seines „Rudels" einzusetzen und es zu verteidigen),
- Geltungstrieb (Bestreben, im Rudel einen höheren Rang zu erobern),

Die Menschenfamilie ersetzt bei unseren Haushunden das Rudel.

● Meutetrieb (Bestreben, sein Rudel nicht zu verlieren bzw. es zusammenzuhalten),

● Bringtrieb (Bereitschaft, Beuteobjekte aufzunehmen, sie zu verschleppen oder zu bringen),

● Beutetrieb (Bestreben, alle Objekte, die Fluchttendenz zeigen, zu fassen und festzuhalten),

● Fluchttrieb (Tendenz des Hundes, sich einer Gefahrensituation durch Flucht zu entziehen).

Wie äußert sich ein Trieb?

Da der heutige Haushund nicht mehr gezwungen ist, für sein Überleben selbst zu sorgen, müssen seine Triebe anderweitig befriedigt werden. Geschieht dies nicht, kann folgendes geschehen: Ihr Hund versucht, seine Bedürfnisse selbst abzureagieren.

Ein Beispiel: Der Cockerspaniel von Herrn M. ist achtzehn Monate alt und ein sehr fröhlicher und lebhafter Bursche. Herr M. hat wenig Zeit für ihn und hält es – wenn er ehrlich ist – auch nicht für nötig, seine knapp bemessene Freizeit mit dem Hund zu verbringen. Außerdem ärgert sich Herr M. bei seiner Rückkehr von der Arbeit jedesmal aufs Neue, daß dieses Tier tagtäglich die Wohnungseinrichtung ruiniert. Mal ist es der angeknabberte Holzrahmen der Tür, ein anderes Mal die „totgeschüttelten" Sofakissen, die ihren fedrigen Inhalt in der gesamten Wohnung verloren haben. Dann wieder hat der Spaniel kunstvoll die Klapptür unter der Spüle geöffnet und den Inhalt des Mülleimers auf dem Wohnzimmersofa genüßlich untersucht und – sofern eßbar – vertilgt.

Je mehr der kleine Cocker anstellt und kaputtmacht, desto weniger hat Herr M. Lust, sich mit ihm abzugeben. Er überlegt sogar, ob er ihn nicht jemandem geben sollte, der sich mehr Zeit für ihn nimmt. Ein Teufelskreis! Der kleine Spaniel hat aus seiner Situation heraus eigentlich gar nichts Böses gemacht. Er hat nur seine Triebe ausgelebt; seinen Beutetrieb, seinen Spieltrieb, seinen Freßtrieb. Herr M. sollte schnellstmöglich umdenken. Denn sowie er sich mit seinem Hund mehr beschäftigt, mit ihm spielt, ihn geistig und körperlich fordert und seiner Verfassung entsprechend vor interessante Aufgaben stellt, wird Herr M. feststellen, daß die Zerstörungsattacken auf die Wohnungseinrichtung stark nachlassen!

Was passiert, wenn der Hund nie spielen darf?

Was passiert nun, wenn dem Hund so nachhaltig das Ausleben seiner Triebe abgewöhnt wird, daß er einen psychischen Defekt davonträgt? Oder einfacher: Was passiert, wenn der Hund nie spielen darf?

Auch hierzu ein Beispiel: Frau E. besitzt eine Rottweilerhündin. Der große Hund lebt in der Wohnung und muß sich dementsprechend gesittet benehmen. (Frau E. ist den ganzen Tag zu Hause, die Rottweilerhündin hat also eigentlich genügend Kontakt zu ihrer Besitzerin.) Versuchte die Hündin aufgrund ihres Bewegungstriebes in jungen Jahren, in der Wohnung herumzurasen und

über Möbel zu springen, wurde sie sofort zur Ordnung gerufen und mußte ihren Platz aufsuchen. An Stöcken nagen oder anderes Spielzeug kauen ist in der Wohnung verboten, da die Hausfrau nicht ständig erneut putzen möchte. Auch mit anderen Hunden durfte sie draußen höchstens einmal toben, wenn das Wetter mitmachte. Ansonsten wurde die Rottweilerhündin zu schmutzig und verunreinigte danach die Wohnung.

Obwohl die Hündin erst vier Jahre alt ist, verhält sie sich wie ein greises Tier: Sie hat inzwischen keine Lust mehr, irgendein Stöckchen zu fassen oder eine sonstige Aktivität auszuführen. Bedenk-

Spielen Sie mit Ihrem Hund, so oft es geht!

lich ist auch ihre übersteigerte Aggressivität gegenüber allen Artgenossen. Jede Aufforderung zum Spiel seitens eines anderen Hundes beantwortet sie sofort mit einer Beißerei. Frau E. ist unglücklich darüber. Sie ist der Meinung, ihre Hündin habe eine sehr konsequente Erziehung genossen und versteht nicht, warum sie sich einerseits so apathisch und andererseits so extrem aggressiv verhält.

Nun spricht natürlich überhaupt nichts gegen eine konsequente Erziehung, im Gegenteil. Allerdings: Bei gleichzeitiger völliger Unterbindung jeglicher spielerischer Aktivitäten kann ein Hund nicht zu geistiger Gesundheit heranreifen. Denken Sie an die Wolfswelpen! Ein Hund, der niemals spielen darf, verkümmert geistig und seelisch genauso wie ein Mensch, der in einem schlechten Heim sein Leben fristen muß, der zwar mit Nahrung und sauberer Wäsche gut versorgt wird, ansonsten aber isoliert und ohne Kontakt zu seiner Umwelt unweigerlich psychischen Schaden nimmt. Unter diesen Umständen muß ein jedes Lebewesen verkümmern!

Ein weiterer Aspekt, der für das gemeinsame Spielen mit Ihrem Hund spricht, ist der, daß die gemeinsame Beschäftigung eine immense Bindung zwischen Herrchen/Frauchen und Hund bewirkt. Hunde, mit denen das Herrchen nie spielt, und die nur das Spiel mit Artgenossen kennen, erkennt man daran, daß sie so lange ganz lieb mit Herrchen Gassi gehen – auch ohne Leine –, bis am Horizont ein anderer Hund auftaucht. Der Vierbeiner, der natürlich ausgehungert nach Spielen ist (dies nennt man Triebstau), hat folgerichtig nur noch die Befriedigung dieses einen Triebes im Sinn: Spielen! Bewegen! Und schon ist er auf und davon.

Da kann Herrchen rufen und pfeifen, sooft er will, die Natur des Hundes bricht sich hier Bahn. Hätte Herrchen in jeden Spaziergang mit seinem Vierbeiner eine Spielrunde eingebaut, hätte dieser sicherlich viel weniger Veranlassung gehabt, seinem Artgenossen entgegenzustürzen, da er sinngemäß genau gewußt hätte: „Mein Herrchen spielt auch mit mir, also ist es nicht so wichtig, diesen anderen Hund kennenzulernen."

Sie sehen also, welch vielfältigen Zweck und Nutzen Spielen beim Hund hat. Spielen ist lebensnotwendig. Ohne gemeinsames Spielen zwischen Hund und Hund bzw. Herrchen und Hund gibt es keine sozialen Bindungen und kein positives Sozialverhalten – weder gegenüber Artgenossen noch gegenüber Menschen. Spielen fördert die physische und psychische Gesundheit des Hundes. Und nicht zuletzt:

Spielen macht Spaß

Spielen Sie deshalb so oft wie möglich und so oft Sie möchten mit Ihrem Hund! Vielleicht gerät dabei Ihre Haus- oder Ihre Gartenarbeit manchmal etwas ins Hintertreffen. Lassen Sie sich trotzdem nicht vom Spielen mit Ihrem Hund abhalten! Spielen macht nämlich nicht nur Kindern und Hunden Spaß. Auch erwachsenen Menschen tut es manchmal sehr gut, wenn sie ab und zu das Kind im Manne wieder zum Leben erwecken und die Freude an der Bewegung und am gemeinsamen Spiel wiederentdecken!

Erziehung als Basis

Wie wichtig ist die Erziehung fürs Spielen?

Zuerst einmal muß Ihnen als Spielpartner Ihres Hundes klar sein, wie Ihr vierbeiniger Freund lernt: Ein Hund lernt nicht durch „denken" und verstehen, sondern durch positive und negative Verknüpfungen. Zum besseren Verständnis ein Beispiel:

Frau C. geht mit ihrer neun Monate alten Hündin spazieren. Klein-Bella ist gerade mitten in der Pubertät und versucht, sich hie und da über die Wünsche von Frauchen hinwegzusetzen. Gerade hat sie wieder mitten in einer großen Wiese ein Düftchen erschnuppert, das sie intensiv beriecht. Frauchen ruft nun, sie möchte gerne nach Hause gehen. Bella ist zu sehr von den wohlriechenden Nachrichten im Gras gefesselt, um Folge zu leisten. Erst als Frau C. zum dritten Mal mit Nachdruck „Hier!" ruft, kommt Bella sichtlich unwillig zu Frauchen. Diese ist natürlich schon leicht ärgerlich und verpaßt ihrer Bella aus Reflex eine Ohrfeige.

Könnte Bella „denken" in dem Sinne, in dem wir Menschen dies tun, müßte ihr beim nächsten Spaziergang folgendes durch den Kopf gehen: „Ah, Frauchen ruft gerade wieder nach mir. Ich lauf jetzt schnell zu ihr hin, sonst gibt sie mir zur Strafe wieder eine Ohrfeige!" Was aber passiert tatsächlich? Bella wird beim nächsten Spaziergang dem „Hier!" ihres Frauchens erst recht nicht Folge leisten, ja im extremsten Falle sogar das Weite suchen, denn sie hat nach Hundeart verknüpft: „Ah, Frauchen ruft nach mir. Bloß schnell weg von ihr, denn wenn sie ,Hier' ruft und ich komme, gibt es eine Strafe. Also muß ich unbedingt Abstand von Frauchen halten!"

Ein Hund lernt also durch Verknüpfungen. Wird er im Moment seiner Handlung gelobt, wird er sich bemühen, diese Handlung zu wiederholen, da Herrchens Reaktion auf seine Aktion für

Tip: *Um trotz unterschiedlicher „Sprache" und Veranlagung gemeinsam spielen zu können, gehört ein gewisses Maß an Verständigungsmöglichkeiten dazu. Mit anderen Worten: ein Vierbeiner, der niemals wenigstens ansatzmäßig erzogen worden ist, wird als erwachsener Hund sehr wenig in der Lage sein, mit seinem Partner Mensch zu spielen.*

den Hund angenehm war. Wird er aber während der Ausübung einer Tat bestraft, bedeutet das für ihn, diese in Zukunft zu unterlassen. Wenn Sie als Hundehalter diesen Zusammenhang begriffen haben, haben Sie bei Ihrem Hund schon viel gewonnen!

Nehmen wir nur das ganz einfache Spiel „Liegenbleiben mit Abrufen". Hierbei wird der Hund mit den Schlüsselwörtern „Platz" und „Bleib" dazu veranlaßt, sich nicht mehr von der Stelle zu rühren. Herrchen bzw. Frauchen entfernt sich so weit wie möglich mit dem Ball oder der Lieblingsbeißwurst des Hundes. Nach einer bestimmten Entfernung wird dann der vierbeinige Genosse abgerufen. Er wird wie eine Rakete angeschossen kommen und erhält zur Belohnung noch eine zusätzliche Runde „Ball fangen" oder „Beißwurst zerren". Dieses kann man wunderbar in den Spaziergang mit einflechten. Dabei kann Ihr Hund seinen Bewegungsdrang ausleben, sein Meutetrieb wird angesprochen, also die Bindung zu Ihnen gestärkt, und sein Gehorsam wird vertieft.

Hat er die oben genannten Schlüsselwörter nicht gelernt, wird es Ihnen sehr schwer fallen, Ihren Bello davon zu überzeugen, daß er nicht sein restliches Leben ohne Sie verbringen muß, daß Sie sich nicht bei nächster Gelegenheit aus dem Staub machen und daß Sie nicht vergessen, ihn mit dem Schlüsselwort „Hier" aus seinem Schicksal zu erlösen! Also, ohne Erziehung geht es nicht, wie Ihnen bereits klar geworden sein dürfte. Um ein solches Spiel zu spielen, muß Ihr Hund die Schlüsselwörter „Platz!", „Bleib!" und „Hier!" gelernt haben.

Was muß der Hund können?

Die Begriffe, die ein Hund im Laufe seines Lebens lernt, untergliedern sich in zwei hauptsächliche Kategorien, nämlich in diejenigen, die wirklich nötig, um nicht zu sagen lebenswichtig sind, um in die menschliche Gesellschaft problemlos eingegliedert zu werden, und in weitere Schlüsselwörter, die über eine Basiserziehung hinausgehen. Zu den erstgenannten gehören sein Name, „Hier", „Sitz", „Platz" und „Pfui".

Mit seinem Namen und dem Schlüsselwort „Hier" sollten Sie Ihren Rex jederzeit zu sich herrufen können, um ihn vor Gefahren zu schützen bzw. ihn nicht zu einer Gefahr für seine Umwelt werden zu lassen. (Kennen Sie die armen Hundehalter auch, die mit hochrotem Kopf und saftigen Flüchen auf der Zunge

Herkommen ist eine sehr wichtige Übung.

händeringend und leinenschwingend hinter ihrem Westi, Bernhardiner oder Pudelmischling herrennen, ohne damit irgendwelche befriedigenden Ergebnisse zu erzielen!?)

„Hier"

Wie aber lehren Sie Ihrem Hund von Anfang an, daß er beim Schlüsselwort „Hier" zu Ihnen kommt? Fangen wir einmal beim Welpen an: Welpen suchen von sich aus immer wieder den Kontakt zu der Person, der sie vertrauen. Wenn sich Ihr Hundebaby also freudestrahlend auf Sie zubewegt, gehen Sie in die Hocke, um ihn nicht gleich mit Ihrer Größe einzuschüchtern, und sagen dazu genauso freudestrahlend: „Bello, hier!" Sodann loben Sie ihn herzhaft. Ein Welpe verknüpft dann mit dem Schlüsselwort „Hier" immer sein freundliches Herrchen oder Frauchen und viel Lob. Er wird auch weiterhin gerne kommen.

Sollte er einmal durch irgendetwas derart in seiner Aufmerksamkeit gefesselt sein, daß er auf Ihr Hörzeichen nicht reagiert, schlucken Sie Ihren Ärger bitte runter. Verderben Sie das erworbene Vertrauen des Welpen nicht. Tun Sie einfach folgendes: wenn Sie Bello bereits zweimal gerufen haben, er aber gerade so vom interessanten Geruch eines Mauselochs gefesselt ist, gehen Sie ruhig (!) auf ihn zu, leinen Sie ihn an, geben Sie nochmals das Hörzeichen „Hier" und dem Welpen einen kleinen Ruck. Sobald er auf den Boden der Tatsachen zurückkommt und Sie wieder registriert, loben Sie ihn ausgiebig.

Er zeigt eine wunderschön ausgeführte Sitz-Übung.

„Sitz"

Das „Sitz" sollte Bello können, um ihn bei Bedarf in eine Wartestellung bringen zu können, die ihn aufmerksam für die nächste Aktion macht. Das Überqueren einer befahrenen Straße z.B. gestaltet sich wesentlich sicherer, wenn Ihr Hund gelernt hat, so lange „Sitz" zu machen, bis die Fahrbahn frei ist und Sie und Ihr Hund unbeschadet hinüberwechseln können. Unangenehm dagegen ist es, wenn Bello dieses Kommando nicht kennt und schon mal mit der halben Länge der Rolleine bis zur Fahrbahnmitte vorprescht, während Sie sich am Bordstein gerade verdutzt umschauen und erschrocken feststellen müssen, daß

Ihr Hund gar nicht von Ihren vielen Einkaufstaschen verdeckt wird, sondern im Begriff ist, soeben einen Auffahrunfall zu provozieren.

Dabei gibt es fast nichts einfacheres, als bereits dem kleinen Hund das Schlüsselwort „Sitz" beizubringen! Nutzen Sie einfach sein ihm angeborenes Verhalten aus, bei der Hundemutter zu betteln, indem er sich vor oder neben sie hinsetzt und sie freundlich durch Mundwinkelstupsen und Pfötchenheben zur Futterherausgabe auffordert.

Jedesmal, wenn Sie Ihrem kleinen Vierbeiner in Zukunft ein Leckerli geben wollen oder bevor er seine Futterschüssel mit seiner Mahlzeit erhält, halten Sie diese über seine Nase und sagen „Sitz". Sollte er gleich nach seinem Futter schnappen oder durch Hochspringen versuchen, heranzukommen, geben Sie es ihm nicht! Wiederholen Sie ruhig und bestimmt das Hörzeichen, und erst wenn er sein Hinterteil zu Boden gesenkt hat (wie beim Betteln bei seiner Hundemutter), belohnen Sie ihn sofort mit dem Leckerbissen. Dies funktioniert auch, wenn Sie Ihrem Bello das Lieblingsspielzeug anstatt eines Leckerlis vorenthalten.

„Platz"

„Platz" dagegen ist endgültig. Ihrem Hund wird durch dieses Schlüsselwort unmißverständlich klar gemacht, daß er jetzt ruhig bleiben muß; sei es, weil Herrchen Bello mit ins Gasthaus genommen hat und nun in Ruhe etwas essen möchte, oder sei es, weil Schlafenszeit ist und auch Bello Ruhe geben soll. Es soll Hundebesitzer geben, die hungrig aus einem Gasthaus gekommen sind, weil der Ober dort kein Verständnis dafür hatte, daß Bello mal kurz an die Theke pinkelt, während Herrchen auf seinen Schmorbraten wartet. Hätte sein Hund gelernt, auf das Hörzeichen „Platz" brav unter dem Tisch abzuliegen, wäre Herrchen (samt Hund) auch in Zukunft ein gerngesehener Gast geblieben.

Wie lernt nun ein Vierbeiner bereits im Welpenalter dieses Schlüsselwort? Am einfachsten ist es, seinen Welpen immer dann, wenn er von sich aus müde ist und sich in die Platzlage begibt, zu loben und dabei das Schlüsselwort „Platz" mehrmals zu wiederholen. Eine weitere Möglichkeit, ohne großen Zwang dem jungen Hund das Kommando „Platz" beizubringen, basiert auf der Tatsache, daß Ihr Vierbeiner bereits weiß, was „Sitz" bedeutet. Auch hier machen wir dem Welpen den Zusammenhang wieder über Lob und Belohnung klar.

Machen Sie mit Klein-Bello eine Sitzübung, wie er sie gelernt hat. Sitzt er nun brav ab, legen Sie Ihre eine Hand auf sein sitzendes Hinterteil, senken das Leckerli in der anderen Hand auf den Boden vor ihm ab und ziehen es am Boden entlang von ihm weg. Sagen Sie dazu deutlich „Platz"! Um das Leckerchen zu erreichen, wird sich Bello strecken müssen und geht mit den Vorderpfoten vor, bis er tatsächlich in Platzlage ist. Die Hand auf seinem Po verhindert, daß er aufsteht und dem Leckerbissen hinterherläuft.

Loben Sie Ihren kleinen Hund sofort ausgiebig, wenn er sich auf den Boden

Aus der Sitz-Übung heraus lernt der Hund das Schlüsselwort „Platz".

gelegt hat und geben Sie ihm sein verdientes Leckerli.

Auch wenn Bello gleich danach vor Begeisterung wieder aufsteht, ist diese Übung richtig ausgeführt worden. Verlangen Sie von einem jungen Hund noch nicht stundenlanges Stilliegen auf einem Fleck. Es geht in erster Linie darum, ihm das Schlüsselwort an sich zu vermitteln. Mit zunehmendem Alter kann man diese Übung verlängern, sodaß irgendwann automatisch der erwachsene Hund so lange auf seinem „Platz" verbleibt, bis er abgerufen oder abgeholt wird.

„Pfui"

Das nächste wichtige Schlüsselwort ist „Pfui!" Wohl dem Hund, der irgendeinen unverdaulichen oder giftigen Unrat aufgelesen hat und von Herrchen das Schlüsselwort „Pfui" richtig gelernt hat! Gegenüber den drei anderen Begriffen ist dieses Hörzeichen eigentlich etwas Negatives, ein Verbot, das der Welpe sehr schnell als unangenehm empfindet. Hier müssen Sie als Hundebesitzer sehr viel Fingerspitzengefühl an den Tag legen, um nicht schon beim Welpen jedes Mal Meideverhalten hervorzurufen, wenn der Begriff auch nur andeutungsweise fällt. Was aber tun, wenn Ihr kleiner Bello irgendeine Ekelhaftigkeit aus dem Kompost gebuddelt hat?

Vergegenwärtigen wir uns einmal die Situation, in der das „Pfui" nötig wird. Klein-Bello geht mit Herrchen Gassi. Unterwegs steigt ihm ein sehr interessanter Geruch in die Nase. Er verfogt ihn und findet – welch ein Jubel bei Bello! – eine völlig vergammelte Maus! Da Welpen

Welpen nagen auch an Dingen, die ihnen nicht guttun. Hier ist ein lautes „Pfui!" nötig.

und junge Hunde ihre Umwelt wie kleine Kinder erst erfahren müssen, wird die Maus abgeschleckt und probehalber einmal angenagt.

Zwischenzeitlich wird Herrchen auf Klein-Bello aufmerksam und entgeht knapp einem Herzinfarkt! „Pfuiiiii!" Mit lärmendem Entsetzen rennt Herrchen auf seinen Hund zu, um ihm die Ekelhaftigkeit wegzunehmen. Klein-Bello erschrickt heftig, läßt vielleicht dieses Mal die Maus noch fallen und macht sich aus dem Staub. Herrchen brummelt vor sich hin, nimmt die tote Maus in Augenschein, kickt sie von der Straße und droht in Richtung des kleinlauten Bello.

Bello aber hat gelernt: Maus schmeckt gut, Herrchen futterneidisch. Will mir Beute abnehmen! Also wird er sich das nächste Mal stante pede, aber mitsamt Maus aus dem Staub machen! Wie aber bringen Sie Ihrem Welpen nun bei, daß man tote Mäuse nicht entführen und fressen darf?

Auch wenn es Ihnen schwerfällt, toben Sie nicht drauflos, sondern rufen Sie nachdrücklich „Pfui!" und bleiben Sie stehen. Wenn dies zum ersten Mal passiert, wird Ihr kleiner Partner wahrscheinlich vor Schreck den Unrat fallenlassen. Unverzüglich müssen Sie Ihren Welpen nun überschwenglich loben! Wahrscheinlich wird er über dieses unvermutete Lob so froh sein, daß er sogar zu Ihnen hergewackelt kommt. Loben Sie ihn auch hierfür. Sie können ihm zur Belohnung auch ein Leckerli geben, quasi als „Beutetausch".

Wie gesagt, diese genannten Begriffe sind für unseren Hund für sein Überleben in der menschlichen Gemeinschaft einfach lebenswichtig und sollten von jedem Hund beherrscht werden. Sie als Hundehalter werden diese Begriffe ein Hundeleben lang brauchen!

Weitere Schlüsselwörter

Die andere Gruppe von Schlüsselwörtern ist diejenige, die von der jeweiligen Umgebung, Situation, Haltung und nicht zuletzt vom jeweiligen Herrchen bzw. Frauchen abhängt. Hunde sind wahre Genies, wenn es darum geht, neue Begriffe zu lernen. Ob Sie Ihrem Vierbeiner nun beibringen, auf Kommando zu bellen, Pfötchen zu geben, Türen zu öffnen oder sofort beim kleinsten Weckergerassel die Bettdecke von Herrchens Bett zu ziehen, bleibt Ihnen selbst überlassen. Die Variationen im Repertoire eines Hundes sind groß – lebenswichtig sind sie nicht unbedingt.

Wie lehren Sie nun Ihren Hund, auf einen bestimmten Begriff eine bestimmte Aktion auszuführen? Um dies zu können, müssen Sie erst einmal selbst lernen.

Gehen wir einmal davon aus, daß Sie noch nie einen eigenen Hund gehabt haben. Im Idealfall haben Sie bereits vor dem Welpenkauf einige gute kynologische Fachbücher gelesen, um wenigstens einiges an theoretischem Wissen zu besitzen. Jeder, der sich einen Hund als Partner ins Haus holt, sollte zumindest eine Ahnung davon haben, wo sich beim Hund der Schwanz und wo sich die Zähne befinden. Auch der Nahrungsbedarf eines Lebewesens dieser Spezies sollte bekannt sein. (Es gibt unglaublicherweise einen Fall, in welchem ein frischgebackener Hundebesitzer seinem Welpen Frühlingsrollen, Süßspeisen und ähnliche Delikatessen angeboten hat, in der unwissenden Meinung, seinem Liebling damit eine große Freude zu machen.)

Aber genauso wie die äußeren Bedingungen für einen Vierbeiner stimmen müssen, muß er auch eine artgerechte Behandlung und Erziehung erhalten, damit zur physischen auch die psychische Gesundheit erhalten bleibt. Hierzu gibt es inzwischen hervorragende Fachbücher, die einem Erstlings-Hundebesitzer mit Rat und Tat zur Seite stehen. Diese geben Ihnen Anleitung zur Grundausbildung Ihres Tieres.

Was Ihnen natürlich kein Buch vermitteln kann, ist die praktische Erfahrung mit dem Vierbeiner. Jeder Hund hat seine eigene Persönlichkeit, seinen eigenen Charakter, und jeder reagiert einfach ein wenig anders als der Nachbarshund. Hier kann Ihnen nur ein anderer Hundehalter mit viel Erfahrung und Wissen um den Hund weiterhelfen. Und wo könnten Sie diesen leichter finden als in einem guten Hundesportverein?

Leider haftet diesen Interessengemeinschaften aus der Vergangenheit ein sehr schlechter Ruf an. Viele frischgebackenen Hundebesitzer scheuen den Gang zum ortsansässigen Hundeverein, weil damals vor vierzig oder fünfzig Jahren die Erziehung eines Vierbeiners in einem solchen Verein oft nur über den Zwang – sprich Schläge und sonstige körperliche Schmerzen – stattgefunden hat. Gott sei Dank sind solche Vereine

In der Gruppe im Hundesportverein macht das gemeinsame Lernen doppelt so viel Spaß.

sehr selten geworden und zweifelsohne zum Aussterben verurteilt. Heutzutage beginnt auch in diesen Institutionen die „Erziehung" eines Hundes bereits im Welpenalter über das positive Verknüpfen (wie oben erläutert) sowie die Ausnutzung seiner angeborenen Triebe und Instinkte. Individuelle Beratung von hilfesuchenden Hundehaltern gehört in einem guten Hundesportverein genauso dazu wie die weiterführende Ausbildung eines Hundes unter fachkundiger Anleitung.

Tip: *Eine weitere Möglichkeit, gemeinsam mit seinem Hund zu lernen, bieten zwischenzeitlich die zahlreichen privaten Hundeschulen in Intensivkursen an. Diese Kurse werden gebucht und bezahlt wie Urlaub, und Sie als Hundehalter wohnen über die Zeit der Ausbildung mit Ihrem Vierbeiner zusammen in der Hundeschule.*

Von denjenigen Einrichtungen allerdings, die gegen viel Entgelt Ihren Hund zu erziehen versprechen und Sie als Besitzer des Tieres nicht mit einbeziehen, sollten Sie als Erstlings-Hundebesitzer die Finger lassen. Denn was nützt Ihnen ein gut erzogener Hund, wenn Sie nicht mit seinen gelernten Schlüsselwörtern umgehen können bzw. keine Verknüpfung schaffen können, die dem Hund „erklärt", was er tun soll? Man muß zuerst lernen, um zu lehren!

Da Hunde sehr lernfähige Lebewesen sind, verstehen Sie sehr schnell, daß sie bei richtigem Verhalten Lob, bei falschem aber Strafe erhalten. Diesen Umstand können wir Menschen uns wunderbar zunutze machen, indem wir ganz einfach versuchen, so oft wie möglich unseren Hund bei erwünschtem Verhalten zu loben.

Ein Beispiel: Die Schäferhündin Anka darf jeden Morgen um sieben Uhr ihren

Morgenspaziergang mit Frauchen machen. Bei ihrer Rückkehr holt diese regelmäßig die Tageszeitung aus dem Briefkasten, um sie beim anschließenden Frühstück zu lesen. Irgendwann beginnt Anka, die Zeitung zu fassen und sie in die Schnauze zu nehmen. „Bring!" sagt Frauchen dazu. Anka rennt mit der Zeitung in der Schnauze unter herzlichen Beifallsbekundungen von Frauchen hinein in die Wohnung, wo sie – in der Küche angekommen – die Zeitung zu Boden fallen läßt. Frauchen freut sich riesig über diese Aktion, lobt Anka überschwenglich und krault sie herzhaft durch. Für Anka ein Hochgenuß! Mit der Zeit wird diese morgendliche Zeremonie für Hund und Besitzer zur Selbstverständlichkeit.

Hier wurde eine erwünschte einmalige Handlung durch unmittelbares Loben und Belohnen so gefestigt, daß sie ein fester Bestandteil des Tagesablaufes wurde. Zudem hat Anka als Nebeneffekt das Schlüsselwort „Bring" gelernt, was in weiteren Spielen zwischen Frauchen und ihr an Bedeutung gewinnt und das Spektrum der Beschäftigungsmöglichkeiten zwischen Mensch und Hund enorm vergrößert.

Riesenschnauzer Buddy vom Nachbarn nebenan dagegen kämpft schon seit Jahren mit seinem Herrchen, der – könnte Buddy sich in Worten äußern – absolut unbegabt zum Erlernen einer „Fremdsprache" ist. Herrchen liebt Buddy über alles, und Buddy weiß und spürt das. Auch der Riesenschnauzer hängt sehr an seinem Herrchen..., nur ihre Meinungen gehen regelmäßig getrennte Wege!

Als Herrchen nämlich kürzlich versuchte, seinem Buddy auch das Zeitungs-Apportieren als vernünftige Aufgabe beizubringen, endete dieser gute Vorsatz bei beiden schon am ersten Morgen. Herrchen drückte Buddy die Zeitung in die Schnauze und sagte: „Bring!" Buddy hielt das weiche Papier fest und wartete auf sein Lob. Als dieses nicht kam, war Buddy schon gar nicht mehr so begeistert von der Idee, die Zeitung zu halten. Herrchen ging einfach zum Haus zurück. Da Buddy aber sehr gutmütig war, wollte er Herrchen noch

Sie hat die Übung „Bring!" richtig gelernt.

eine Chance geben; er jagte also mitsamt der Zeitung an Herrchen vorbei ins Haus zurück. Drinnen angekommen, legte er sein Bündel ab. Mann, was tat Herrchen so lange da draußen? Buddy rupfte ein Stück der Zeitung ab und kaute es genüßlich durch. Endlich kam Herrchen. Fröhlich lief Buddy auf ihn zu, noch immer zeitungskauend. Jetzt lobte ihn Herrchen, der das Loch in seinen Nachrichten noch gar nicht entdeckt hatte, und gab ihm ein Leckerli. Natürlich mit dem Effekt, daß sich Buddy ab diesem Moment auf jede erreichbare Tageszeitung stürzte, sie rupfte und von Herrchen ein Leckerli forderte!

Richtig wäre natürlich gewesen, Buddy – der beim Zeitungskauen erwischt worden war – mit fester Stimme das Schlüsselwort „Pfui!" zu geben und ihn notfalls am Nackenfell zu schütteln. Sodann hätte Herrchen ihm die Zeitung nochmals mit dem Schlüsselwort „Bring" in die Schnauze geben und ihn sofort und ausgiebig dafür loben müssen. Buddy hätte dann richtig verknüpft: Zeitung fressen ist pfui; Zeitung festhalten ist fein! Also: will ich Lob und Leckerli, halte ich die Zeitung nur vorsichtig fest.

Fassen wir zusammen

Sie als Hundehalter können eine einmalige Handlung Ihres Hundes „konditionieren", also festigen, indem Sie ihn sofort, im Moment seiner Handlung überschwenglich loben und belohnen. Jeder einigermaßen durchschnittliche Hund ist von Natur aus ein fröhliches Lebewesen, das immer zu einem schönen Spiel oder zur Durchführung einer Aufgabe bereit ist, wenn es dafür entsprechend gelobt wird. Es spürt Ihre Freude, woran es – so paradox dies klingen mag – selbst fast noch mehr Freude hat als am Spiel oder der Aufgabe selbst.

Genauso wird der Hund eine unerwünschte Handlung unterlassen, wenn er – wiederum im Moment der Tat – dafür bestraft wird. Meist reicht ein klares, deutliches „Nein" oder „Pfui" aus, um ihn von der Schändlichkeit seines Tuns zu überzeugen. In härteren Fällen können Sie Ihren Hund in eine unterwürfige Lage bringen („Platz", über die Schnauze fassen, am Nacken zu Boden drücken oder auf den Rücken drehen), oder ihn kurz am Fell schütteln.

Ganz und gar nutzlos, ja sogar verkehrt ist es, den Hund *nach* seiner Tat zu loben bzw. zu schelten. Sobald auch nur wenige Sekunden zwischen seiner Aktion und Ihrer Reaktion darauf vergangen sind, wird ein entsprechendes Einwirken wirkungslos. Nehmen wir einmal an, Sie möchten Ihren Flocky dazu bringen, Ihnen bei Ihrer Heimkehr von der Arbeit abends die Pantoffeln zu bringen. Sie gehen mit ihm zu den gewünschten Hausschuhen, zeigen darauf und sagen „Bring! Bring Schuh!". Flocky hat vielleicht das Schlüsselwort „Bring" schon gelernt, aber „Schuh" sagt ihm in jedem Fall erst einmal gar nichts! Er ist aber lernbegierig und bereit, seine Freude über Ihre Heimkehr durch irgendeine Aufgabe auszudrücken. Er stürzt sich auch auf einen der Pantoffeln, schüttelt ihn kurz und läßt ihn zugunsten des Regenschirmes wieder fallen. In diesem Moment kommt, zwei Sekunden zu spät, Ihr „Feiiiin!", gefolgt von einem

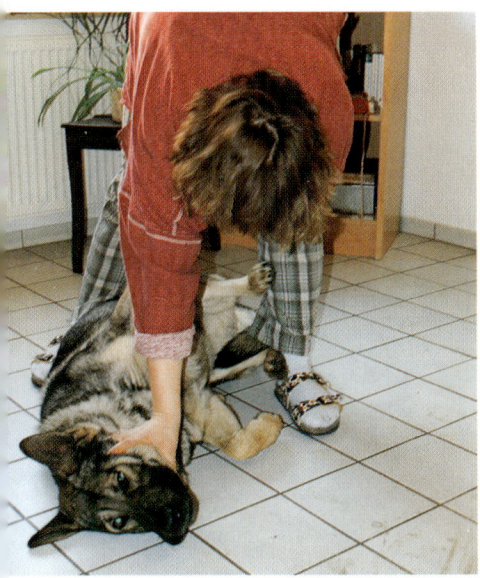

So betont der Mensch seine Leit-Position.

dezenten „Sch....!" Von soviel Lob bestätigt, hört Flocky gar nicht mehr auf, den Regenschirm herumzutragen. Sie aber werden sich wahrscheinlich ärgern und Ihren Flocky für doof halten, weil er nicht kapiert hat, was Sie wollen.

Also achten Sie bitte darauf, daß Ihr Lob schnell und gezielt *dann* kommt, wenn Ihr Hund das tut, was Sie gerne hätten. Sollte er doch einmal falsch verknüpfen, wie in obigem Beispiel, dann entfernen Sie das verkehrte Objekt der Begierde, und beginnen Sie – nur mit den Pantoffeln – von vorne. Wenn er dann in diesem Fall nur einmal das Richtige bringt, geizen Sie nicht mit Lob! Und: beenden Sie diese Aufgabe mit diesem Erfolgserlebnis. Damit schlagen Sie gleich mehrere Fliegen mit einer Klappe:
● Ein Hund lernt schneller, besser und mehr, wenn er ein und dieselbe Übung

nicht stundenlang am Stück machen muß, sondern nur kurz und gezielt, dafür aber regelmäßig.
● Durch regelmäßiges Wiederholen festigen Sie das Gelernte, das heißt, auch wenn Sie irgendwann einmal über eine gewisse Zeit Ihren Flocky nicht Pantoffeln bringen lassen, wird er sich trotzdem immer an sein Schlüsselwort erinnern, da es ein fester Bestandteil seines „Wissen" ist.
● Auch ein Hund verliert die Lust an einer bestimmten Aufgabe, wenn sie unnatürlich lange durchgeführt wird. Wird die Aufgabe aber immer wieder und nur kurz gestellt, bleibt sie auch für den Vierbeiner interessant.
● Durch tägliches Einbauen einer kurzen Übung bietet sich für Sie und Flocky die Gelegenheit, sich regelmäßig intensiv miteinander zu beschäftigen.
● Sie als „Rudelchef" beenden das Spiel (denn das ist es im Prinzip für Flocky), was wiederum Ihre Position festigt.

Nach allem, was wir inzwischen erfahren haben, ergibt sich nun folgendes:

Zehn Gebote für die Grunderziehung

1. Konsequenz

Bereits mit der Übernahme eines Welpen beginnt dessen Erziehung. Egal, ob es um Stubenreinheit, das Sofa als Schlafplatz oder das Ausführen eines Kommandos geht: Bleiben Sie konsequent! Ein Hund kennt kein „ausnahmsweise". Darf er einmal bei Ihnen im Bett schlafen, beansprucht er dieses Recht mit Sicherheit immer wieder. (Einige ganz durchsetzungsfähige Vierbeiner

Was er einmal darf, beansprucht er immer wieder.

schaffen es gar, daß Herrchen in die Badewanne auswandert.) Gelingt es ihm, sich erfolgreich Ihrem Kommando „Sitz" zu entziehen (Herrchens Kommentar: „Er hat halt heute keine Lust!"), wird er dies immer wieder versuchen, ja es sogar auf andere Schlüsselwörter ausweiten (Kommentar: „Doch, er folgt schon, wenn er gut drauf ist!").

2. Geduld

Dies ist eine ganz wichtige Tugend bei der Hundeerziehung. Sehr viele Menschen verlieren nämlich die Geduld mit ihrem Hund, wenn er nicht spätestens nach dem dritten Versuch versteht, was sein Herrchen von ihm will. Wer dann „ausflippt" und die Beherrschung seinem Hund gegenüber verliert, der

verscherzt sich das Vertrauen seines Vierbeiners. Versetzen Sie sich in die Situation des Hundes: Er versteht den Zweibeiner nicht, ist aber voller Lernwillen, übt alle möglichen Handlungen aus, um herauszufinden, was Herrchen meint – und erhält dafür eine Ohrfeige!

3. Loben

Viel wichtiger als Strafen! Der Hundebesitzer, der es versteht, seinen Hund in möglichst viele Situationen zu bringen, in denen er ihn loben kann, ist von vornherein nicht gezwungen, ständig zu schimpfen. Ein Hund, der durch positive Erfahrungen weiß, was er darf, verfällt schon mal gar nicht der unseligen Versuchung, herauszufinden, was er nicht darf. Ganz abgesehen davon steigert Herrchens Lob das Selbstbewußtsein des Hundes und stärkt das gegenseitige Vertrauen zueinander.

4. Ihre Stimme

Ein ganz wichtiges Instrument bei der Erziehung Ihres Hundes! Bemühen Sie sich, in normaler Lautstärke mit Ihrem Tier zu reden. Viele Menschen machen den Fehler zu glauben, ein Hunde gehorche nur auf lauten Befehlston. Ihr Hund hört sowieso viel besser als ein Mensch; und mit Menschen schreit man auch nicht herum.

„Ja," werden Sie sagen, „aber unser Nachbarhund gehorcht wirklich nur, wenn sein Herrchen ihn anbrüllt. Ist der Hund vielleicht schwerhörig?" Aller Wahrscheinlichkeit nach nicht. Aber ein Vierbeiner, der vom Welpenalter an nur Kommandos in einer Lautstärke über hundert Dezibel erhält, der verknüpft folgendes: „Nur wenn Herrchen schreit, geht das mich etwas an. Mit leiser Stimme redet er nicht mit mir."

Dabei hat ein Hund die Fähigkeit, jede noch so feine Nuance unserer momentanen Stimmung aus dem Klang unserer Stimme herauszuhören. Dies können Sie als Hundebesitzer dahingehend positiv ausnutzen, indem Sie Ihrer Stimme einen festen Klang geben, wenn Sie auf die Ausübung einer Aktion Nachdruck legen wollen; einen weichen Klang, wenn Sie mit Ihrem Hund schmusen; einen fröhlichen Klang, wenn Sie ihn freudig loben; die erhöhte Lautstärke aber sollten Sie sich aufbewahren für wirklich brenzlige Situationen, in denen der Hund merken soll, daß jetzt „Not am Mann" ist.

5. Schlüsselwörter

Ganz wichtig für den Hund! Benutzen Sie vom Welpenalter an immer ein und denselben Begriff für ein und dieselbe Handlung Ihres Hundes. Wenn Sie sich also für das Schlüsselwort „Hier!" beim Heranrufen Ihres Vierbeiners entscheiden, dann sollten Sie nicht das nächste Mal „Komm!" oder „Geh' hierher!" rufen, sondern den einmal verknüpften Begriff beibehalten. Damit machen Sie es Ihrem Hund leichter, die menschliche „Fremdsprache" zu lernen.

6. Leistungsgrenzen akzeptieren

Üben Sie eine Aufgabe oder ein Spiel mit Ihrem Hund kurz und gezielt, dafür regelmäßig. Und vermeiden Sie, ihm gleich mehrere Spiele gleichzeitig beibringen zu wollen. Er muß zuerst ein-

mal einen Begriff richtig verknüpft, also „verstanden" haben, um die nächste Aufgabe in Angriff nehmen zu können.

Seien Sie auch vorsichtig mit der körperlichen Überforderung Ihres vierbeinigen Freundes! Es gibt zum Beispiel Hunde mit sehr kurzen Läufen, die man nicht zu irgendwelchen artistischen Hochsprung-Leistungen zwingen sollte. Auch das Alter des Vierbeiners sollte bei den gestellten Aufgaben berücksichtigt werden! Und daß Sie bei Temperaturen von vierzig Grad im Schatten keine langwierigen Konzentrationsübungen machen, sondern im Bedarfsfalle lieber mit Ihrem Bello im nächsten Bach oder Baggersee schwimmen gehen oder ihm ganz einfach im Schatten seine Ruhepause gönnen, sollte sich von selbst verstehen.

7. Übungen einbauen

Oft wird die Erziehung eines Hundes als „Teilzeitarbeit" betrachtet. Oder anders ausgedrückt fragen viele Hundehalter, wie oft, wann und wie lange täglich geübt werden soll, damit der Hund „Erziehung" genießt. Dabei ist es eigentlich ganz einfach, die wichtigen Schlüsselwörter für den Hund immer wieder im Tagesgeschehen einzubauen. Er soll nicht „dressiert" werden wie ein Zirkuslöwe, sondern über die gelernten Schlüsselwörter seinen festen Platz in der menschlichen Gemeinschaft und im Zusammenleben mit einer Menschenfamilie finden.

Ein Beispiel, wie Sie das Kommando „Sitz" nahtlos in Ihren Tagesablauf und in den Ihres Hundes eingliedern: Sie wollen mit Bello Gassi gehen. Er freut sich und tobt durch den Flur. Sagen Sie

„Sitz" gibt Sicherheit im Straßenverkehr.

schätzbar – beides schafft Vertrauen und Sicherheit. Versuchen Sie also, Ihren Hund so weit wie möglich zu festen Zeiten zu füttern, Gassi zu gehen und auch – bei berufstätigen Hundehaltern – ihn alleine zu lassen. Das heißt natürlich nicht, daß Sie ihn auf einen Wochenendausflug nicht mitnehmen dürfen! Hunde sind erstaunlich anpassungsfähig und können sehr schnell zwischen Urlaub oder einem Ausflug und dem normalen Alltagsleben unterscheiden.

9. Konzentration

Wenn Sie Ihrem jungen Hund ein neues Schlüsselwort beibringen wollen, achten Sie darauf, daß er sich in diesem Moment voll auf Sie konzentriert. Ablenkungen beim Lernen verkraftet ein junger Hund noch nicht, vor allem, wenn das Schlüsselwort noch unbekannt für ihn ist.

Nehmen wir noch einmal das Schlüsselwort „Sitz", bevor Bello Gassi gehen darf und Sie ihn vorher anleinen wollen. Wie die meisten Hunde wird er hocherfreut über den bevorstehenden Spaziergang herumspringen. Bleiben Sie ruhig mit dem Halsband stehen und sagen Sie deutlich „Bello, sitz". Sehen Sie ihn dabei an und achten Sie darauf, daß auch er Sie ansieht. Erst, wenn er sich auf Sie konzentriert, wird er das Kommando ausführen. Wenn Sie natürlich merken, daß Klein-Bello dringend mal muß und schon kurz vor dem Zerplatzen ist (vor allem Welpen haben ihre Körperfunktionen, wie kleine Kinder, noch nicht vollständig im Griff), wäre es unsinnig, ihm gerade in dieser Situation ein neues Schlüsselwort beibringen zu wollen.

„Sitz!" und bestehen Sie konsequent darauf, daß er dieses Kommando ausführt, damit Sie ihn in Ruhe anleinen können. Bestehen Sie auch am Bordstein darauf, daß sich Bello vor dem Überqueren der Straße hinsetzt. Bei Ihrer Heimkehr vom Spaziergang lassen Sie ihn vor der Haustür absitzen, damit Sie ihn vor dem Betreten der Wohnung säubern können.

Sie sehen, es ist gar nicht unbedingt nötig, sich „extra" Zeit zu nehmen, um Ihrem Hund eine solide Grunderziehung zu geben.

8. Vertrauter Ablauf

Alle Hunde lieben die Regelmäßigkeit und bestimmte „Rituale". Ein Tagesablauf, den der Hund kennt, macht die Umwelt für Bello berechenbar und ein-

10. Integration

Ein Fehler, der vor allem von den „Extrem-Hundesportlern" gern gemacht wird, ist der, seinen Hund wie ein Sportgerät zu behandeln und auch so zu halten. Manche Vierbeiner werden nur aus dem Zwinger geholt, um Gehorsamsübungen zu absolvieren. Danach verbringen sie ihren Tag wieder alleine und isoliert in ihren vier Wänden. Bei vielen dieser Hunde hat man dann den Eindruck, daß sie ihrem Herrchen oder Frauchen nur sehr widerwillig gehorchen, was in gewissem Sinn auch stimmt. In einem solchen Herr-Hund-„Team" vermißt man das gegenseitige Vertrauen und das wunderbare Gefühl des wortlosen inneren Einverständnisses.

Ein Hund ist ein sehr soziales Lebewesen und sollte im Rudel leben dürfen, d.h. mit Anschluß an seinen Menschen. Er muß genügend Zeit mit seinem menschlichen Partner verbringen dürfen. Nehmen Sie Bello mit in den Urlaub, zum Sonntagsausflug der Familie, in die Stadt etc. Dann wird er auch die Stunden, die er einmal alleine zuhause verbringen muß, in dem Bewußtsein ausharren, daß sein Herrchen mit Sicherheit wieder zurückkommt.

Zusammenfassung der Erziehungs-Regeln

1. Konsequenz
2. Geduld
3. Loben
4. Ihre Stimme
5. Schlüsselwörter
6. Leistungsgrenzen akzeptieren
7. Übungen einbauen
8. Vertrauter Ablauf
9. Konzentration
10. Integration

Urlaub oder Ausflug – wann immer möglich, sollte der Hund mit von der Partie sein.

Durch kleine Schritte zum Erfolg

Wie lernt mein Hund die Spiele?

Sie wissen nun bereits, daß Ihr Hund über seine angeborenen Triebe spielt sowie durch richtige Verknüpfungen bei der Erziehung spielerisch lernt. Lehren Sie Ihren Hund ein Spiel deshalb in kleinen Schritten. Verlangen Sie nicht zu viel auf einmal.

Bevor Sie mit Bello ein Spiel beginnen, überlegen Sie sich folgendes:
● Wie schaffe ich eine positive Verknüpfung, damit er weiß, was ich möchte und daß er es richtig gemacht hat?
● Welchen Trieb spricht dieses Spiel an? Welche Triebe kann ich bei Bello positiv nutzen?
● Welche Schlüsselwörter aus seiner bisherigen Erziehung, die er gut beherrscht, kann ich als Hilfestellung hinzuziehen? Welches Schlüsselwort soll neu dazukommen?
● In wieviele Schritte teile ich das Spiel auf, damit Bello die Möglichkeit hat, zu begreifen, was ich von ihm möchte?

Wir zeigen Ihnen nun anhand eines Beispieles, wie Ihr Hund unter Ihrer Anleitung ein Spiel erlernt. In unserem Beispiel geht es um die Grundzüge der Fährtensuche. Auch wenn es sich hierbei eigentlich nicht um ein Spiel im herkömmlichen Sinne handelt, haben wir trotzdem das „Fährten" gewählt, weil

man gerade an diesem Beispiel sehr schön das Prinzip der kleinen Schritte sowie den Zusammenhang zwischen angeborenen Trieben beim Hund und der richtigen Verknüpfung mit einer bestimmten Handlung sieht.

Es geht hier wohlgemerkt nicht darum, in einem Hundesportverein seinen Hund zu Höchstleistungen beim Fährten auszubilden, sondern ganz einfach darum, ihm zur Unterbrechung der täglichen Routine etwas Neues zu zeigen, das ihm genauso viel Spaß macht wie seinem Herrchen.

Leider wird bei der überwiegenden Mehrheit unserer Hunde die Fähigkeit des Spurenlesens nicht mehr gefördert. Teilweise wurde manchen Rassen diese Fähigkeit auch soweit weggezüchtet, daß diese Hunde zu größeren Leistungen als zum täglichen Schnuppern beim Gassigehen nicht mehr in der Lage sind. Ein normaler Hund mit normalen Veranlagungen hat aber ganz sicher Spaß am Fährtensuchen.

Die idealen Monate, um seinem Hund das Fährten zu lehren, sind von März bis Juni und von September bis November. Im Winter und im Hochsommer sollte man möglichst keine Spurensuche beginnen, da der Boden entweder gefroren oder zu trocken ist. Auch bei starkem Wind, schweren Regenfällen und extremer Hitze sollte das Fährten mit dem Hund nicht begonnen werden!

Schritt für Schritt vorgehen

Überlegen Sie sich erst einmal, welche Verknüpfung Sie für Bello schaffen müssen, um ihm verständlich zu machen, was Sie von ihm wollen. Eine Menschenfährte nämlich ist für einen Hund eigentlich etwas völlig uninteressantes. Sein Instinkt läßt ihn nur aufmerken, wenn er die Spur eines Wildes findet (hier grüßt wieder Urvater Wolf, der selbst Beute jagen muß, um zu überleben), oder aber wenn er auf die Fährte eines Artgenossen stößt (ganz besonders als Rüde auf die Fährte einer läufigen Hündin!). Menschen jedoch sind für einen Caniden völlig uninteressant. Man kann sie weder heiraten noch fressen.

Also muß dem Hund erst einmal verständlich gemacht werden, wie vorteilhaft das Verfolgen von menschlichen Schritten sein kann. Und dies tun wir über seinen Freßtrieb, also mit Leckerlis. Und schon können Sie bei diesem „Spiel" einen der Triebe Ihres Hundes befriedigen!

Ein weiterer Trieb wird beim Hund angesprochen, wenn er sein Herrchen von sich weg über die Wiese marschie-

ren sieht. Bello würde alles dafür tun, um nur wieder in die Nähe seines Herrchens zu kommen! Hier kommt der Meutetrieb Ihres Hundes zum Tragen. Auch wenn Sie nach dem Austreten einer Fährte zu Ihrem Bello zurückkehren, wird er sich brennend dafür interessieren, wohin Sie gegangen sind und was Sie dort getan haben. Diese Informationen erhält er nur durch „Erriechen".

Wenn Sie dann noch einen persönlichen Gegenstand auf der von Ihnen getretenen Fährte ablegen (z.B. eine Geldbörse, einen verknoteten Kniestrumpf, einen Handschuh etc.), beziehen Sie in dieses Suchspiel auch den Beute- und Bringtrieb Ihres Hundes mit ein.

Als neues Schlüsselwort nehmen Sie am besten ein langgezogenes und ruhig gesprochenes „Suuuch". Können sollte Ihr Hund möglichst schon die Übungen „Sitz" und „Bleib".

1. Schritt: Er nimmt Witterung am Strumpf auf.

Herrchen markiert den Abgang der Fährte.

Nun dürfen Sie und Ihr Hund mit der Fährtensuche beginnen. In der Fotoserie demonstriert der fünf Monate alte Golden Retriever „Adi" Schritt für Schritt das Erlernen der Fährtensuche:

1. Schritt: Der kleine Rüde wird am Rand einer Wiese angeleint oder von einer zweiten Person festgehalten. Herrchen hat einen alten Strumpf dabei, den er einige Stunden bei sich getragen hat, damit er intensiv Witterung annimmt. Von diesem Strumpf läßt Herrchen seinen Hund zwei bis drei Leckerlis abfressen. Das nächste Leckerli wird dem Hund nur auf dem Strumpf liegend gezeigt. (Sie sehen: Hier wird eine Ver-

knüpfung geschaffen: Strumpf ist etwas Positives, da man darauf Leckerlis findet wie im Futternapf!)

2. Schritt: Sodann begibt sich Herrchen einige Meter weg auf die Wiese, wo er einen Stock zur Markierung des Fährtenbeginns steckt. Er bleibt während der ganzen Zeit seinem Hund zugewandt. Neben dem Stock „trampelt" Herrchen einen schönen Abgang, um seinem Hund später die Möglichkeit zu geben, ausgiebig Witterung aufzunehmen. Auf diesen Abgang legt er schon ein erstes Leckerli.

Jetzt geht Herrchen mit kleinen, engen Schritten rückwärts vom Abgang weg, wobei er immer wieder mit dem Strumpf winkt – der ja für den Hund „Leckerli" bedeutet – und seinen Vierbeiner immer wieder zur Aufmerksamkeit motiviert, etwa mit „Schau, Adi, was ich hier habe!". Dabei legt Herrchen in jeden zweiten oder dritten Fußabdruck ebenfalls ein Leckerli.

Nach ca. 20 Metern bleibt Herrchen dann stehen, macht nochmals seinen Hund auf den Gegenstand in seiner Hand aufmerksam und legt diesen dann demonstrativ vor sich auf die soeben getretene Fährte, bestückt mit einigen Belohnungshappen. Nun ist ganz wichtig, daß Herrchen direkt auf der Fährte zurückgeht, da jedes Abweichen ein starkes Verwischen des Geruchsfeldes erzeugt und der Hund zudem den Eindruck gewinnen könnte, er müsse in der Richtung zu suchen beginnen, aus der er sein Herrchen zuletzt zurückkommen sah (Meutetrieb!).

3. Schritt: Herrchen begibt sich nun direkt zu seinem Adi. Er geht mit ihm

Nun zeigt Herrchen den Beginn der Fährte und der Hund findet dort das erste Leckerli.

Beim Suchen wird kräftig gelobt.

Hurra – die Socke ist gefunden.

zum Anfangspunkt der Fährte, der ja mit dem Stock gekennzeichnet ist, zeigt in den Abgang hinein und sagt deutlich ein langgezogenes „Suuch!". Die rechte Hand zeigt weiterhin in den Verlauf der Fährte, Herrchen bleibt direkt neben seinem angeleinten Hund.

4. Schritt: Sowie Adi mit der Nase in die Fährte taucht, wird er zur Belohnung ein Leckerli finden. Wichtig ist dabei, daß Herrchen seinen Hund für jede Bemühung, ein weiteres Leckerli aufzufinden, lobt. Ganz besonders ausgiebig muß das Lob dann am ausgelegten Gegenstand – in diesem Fall dem Strumpf – ausfallen. Sie werden sehen, sowie Ihr Hund verknüpft hat, daß es auf der Menschenfährte prima Leckerlis gibt und Herrchen dabei nicht mit Lob geizt, wird es für ihn nichts Tolleres geben, als wenn Herrchen den Fährtenstock paratlegt und die Leckerli-Tüte einpackt!

Diese soeben Schritt für Schritt beschriebene Übungsfährte ist eine herrliche Aufgabe und Herausforderung für Ihren Hund, und für Sie als Hundebesitzer eine weitere Möglichkeit, sich wieder einmal intensiv mit Ihrem Vierbeiner zu beschäftigen.

Mit dieser logisch aufgebauten Schritt-für-Schritt-Methode können Sie Ihrem Hund fast alle Spiele beibringen, ob es nun darum geht, einen Ball zu apportieren, über ein Hindernis zu gehen oder einfach darum, ein Spielzeug wiederzufinden, das Herrchen in der Wohnung versteckt hat.

Vielleicht fällt es Ihnen momentan auch etwas schwer, sich vorzustellen, daß Sie das Beispiel mit der Fährte auf andere Spiele umsetzen können. Aber keine Angst: im Spieleteil wird jede Spielidee ganz ausführlich und Schritt für Schritt erklärt!

Können Kinder und Hunde spielen?

Diese Frage stellen sich wahrscheinlich die meisten Hundehalter, denn viele Hunde leben in Menschenfamilien mit Kindern. Ja, viele Hunde werden sogar ganz speziell als Spielpartner für die Kinder in der Familie gekauft!

Leider stellt sich dieses Zusammenleben oft genug als problematisch heraus, obwohl Hunde und Kinder eigentlich ganz wunderbar zusammenpassen können: Kinder leben noch viel intuitiver als Erwachsene, sind fast immer zum Spielen aufgelegt, bewegen sich gerne an der frischen Luft und lieben es, zu kuscheln – wie der vierbeinige Hausgenosse auch! Trotzdem kommt es immer wieder zu Horrormeldungen über Unfälle zwischen Hund und Kind. Untersucht man solche problematischen Situationen einmal genauer, stellt man fest, daß in den allermeisten Fällen der Mensch allein die Schuld an einem Unfall trägt.

Schon bevor Sie sich dazu entschließen, einen Welpen ins Haus zu holen, sollten Sie Ihre familiäre Situation in den Hundekauf mit einplanen. Dies klingt vielleicht im ersten Moment etwas befremdlich, denn schließlich wünschen Sie sich seit Jahren einen Mastino Napoletano, der im Welpenalter schon fast größer als Ihr Kindergartenkind ist. Oder der Hund Ihrer Träume ist ein Chihuahua, der gar nicht begeistert ist, wenn ihn tapsige Kinderhände durch die Gegend schleppen.

Kleine Kinder und Hunde bitte immer beaufsichtigen!

Auch als kinderlieb geltende Rassen wie der Neufundländer brauchen eine gute Prägung.

Sollten Sie also bereits Kinder haben – erfahrene Hundefachleute empfehlen die Anschaffung eines Hundes erst dann, wenn die „Familienplanung" abgeschlossen ist und der jüngste Sprößling das Kindergartenalter erreicht hat – oder sollten Kinder in den nächsten Jahren unbedingt zu Ihrer familiären Zukunft gehören, dann sollten Sie kompromißbereit sein:

● Es gibt Hunderassen, die als ausgesprochen kinderlieb eingestuft werden. Meist sind dies die mittelgroßen bis großen Hunde, während Zwergrassen und Riesen unter den Vierbeinern weniger Begeisterung an den Tag legen. Informieren Sie sich unter allen Umständen vorher über die Charaktereigenschaften der Rasse Ihrer Wahl! Dies kann über geeignete Fachbücher geschehen, durch ein beratendes Gespräch bei einem Tierarzt, oder aber Sie holen sich Ihre fachkundige Beratung in einem guten Hundesportverein und bei Züchtern der jeweiligen Rasse.

● Der nächste wichtige Schritt ist der, sich die Elterntiere genau anzusehen und so viele Informationen wie möglich über sie zu erhalten. Dabei ist die Hundemutter noch wichtiger als der Vater, denn sie ist diejenige, die die Welpen neun Wochen lang austrägt und sie weitere acht Wochen lang durch ihr eigenes Verhalten prägt. Die Welpen werden sich fast ausschließlich an der Mutter orientieren, ob ihr Verhalten in unseren Augen nun positiv oder negativ ist.

Ein Züchter, der sich aus irgendwelchen Gründen weigert, das Muttertier zu zeigen, hat immer etwas zu verbergen! So schwer es Ihnen fällt, lassen Sie in diesem Fall die Finger von den kleinen Hunden! Aber auch, wenn die Hündin zugegen ist und Ihnen ihre Wesensart nicht gefällt, sollten Sie von einem Welpenkauf Abstand nehmen. Die Gefahr, daß Ihr neuer Hausgenosse Verhaltensstörungen an den Tag legt, ist groß, und die Gefahr für Ihre Kinder ebenfalls.

● Der dritte, wichtige Faktor ist die richtige, konsequente Erziehung und die artgerechte Haltung. Ihr Hund sollte vom Welpenalter an seinen festen Platz innerhalb der Familie zugewiesen bekommen. Er hat „Pflichten und Rechte", die er erkennen können muß. Sollten Sie ein kleines Dominanzbündel Ihr eigen nennen, ist es sehr wichtig, ihm von Beginn an seine Grenzen aufzuzeigen. Lassen Sie niemals zu, daß er sich über Sie und Ihre Kinder als Chef aufschwingt! Die Folgen können sehr böse sein, vom gelegentlichen Anknurren bis hin zu schlimmen Bißverletzungen.

Von Ihren Kindern können Sie nicht unbedingt verlangen, daß sie den Hund erziehen. Ein Hund von der Größe eines Schäferhundes zum Beispiel sollte – auch wieder je nach Wesensart – erst Jugendlichen über zehn Jahren unter Anleitung anvertraut werden.

Andererseits sollte Ihr Hund alles, was er darf, immer dürfen. Erklären Sie Ihren Kindern, daß Bello seine Ruhe haben will, wenn er in seinem Körbchen liegt, oder daß er auch beim Fressen nicht gestört werden will. Machen Sie Ihren Kindern auch klar, daß ein Hund – besonders ein Welpe – unter Einsatz seiner Zähnchen spielt, und daß das schon mal eine Schramme an der Hand geben kann, ohne daß Bello dies böse meint. Wenn Sie als „Rudelchef" für die richtige Verständigungsbasis sorgen, sind Kinder und Hund miteinander glücklich.

Das ist ja nun alles schön und gut, werden Sie sagen, doch damit ist folgende Frage immer noch nicht geklärt: „Können nun Kinder und Hund miteinander spielen oder nicht?"

Regeln für den Umgang

Eine allgemeingültige, immer anwendbare Regel kann es beim Lebewesen Hund (wie beim Menschen auch) nicht geben. Wohl aber einige Tips und Hinweise, auf die jeder Hundehalter zurückgreifen kann:

Gesunde, gutmütige, wesenssichere Hunde von mittlerer Größe lieben es, mit den Kindern ihrer Menschenfamilie zu spielen. Hierzu gehören der Golden Retriever, der Königs- und Mittelpudel, Spaniels, Collies und Spitze, um nur einige zu nennen. Aber auch größere Hunderassen wie Airdaleterrier, Schäferhund, Neufundländer oder Hovawart gelten als gutmütig gegenüber Kindern. Hier hilft das ehrliche Gespräch mit einem gewissenhaften Züchter weiter.

Das Alter Ihres Kindes ist ein maßgeblicher Faktor. Babys und Kinder im Krabbelalter können verständlicherweise noch nichts mit dem vierbeinigen Hausgenossen anfangen. Sie sind froh, wenn sie bei ihren ersten Gehversuchen nicht angerempelt werden! Kinder im Kindergartenalter können schon einzelne kleine Übungen mit dem Hund ausführen, allerdings unter Anleitung der Eltern. So wird sich Ihr fünfjähriger Sohn sicher darüber freuen, wenn er Ihrem Arko den Futternapf bringen darf. In diesem Alter sind Kinder auch schon verständiger und verstehen sehr gut, wenn Sie ihnen den Grund für ein bestimmtes Verhalten ihres vierbeinigen Freundes erklären.

Schulkinder dagegen können bereits mit dem Familienhund einiges mehr unternehmen. So erlauben zum Beispiel Hundesportvereine bereits einem Sechsjährigen, mit seinem Vierbeiner eine Begleithunde- bzw. Turnierhundesportprüfung abzulegen – vorausgesetzt natürlich, die beiden kommen miteinander zurecht! Und für Jugendliche, die in den Familienhund vernarrt sind, gibt es beim gemeinsamen Spielen im Prinzip keine Grenzen mehr!

Die Art des Spielzeugs ist ein weiterer Punkt, der beachtet werden sollte.

Schulkinder können mit dem Hund bereits mehr unternehmen, z. B. gemeinsame Spaziergänge.

Gesunde, gutmütige Hunde sind Spielkameraden, Freunde und beste Vertraute zugleich.

Leider passiert es immer wieder, daß der Hund zu den Kindern seiner Menschenfamilie ins Kinderzimmer marschiert, wo es von Spielsachen nur so wimmelt. Ihre Kinder aber wissen nicht, daß die Glasmurmeln, die Bello gerade aufschlabbert, nicht sehr förderlich für die Verdauung sind. Oder daß die zerkauten Legosteine – für Menschenkinder sicher pädagogisch sehr wertvoll – dem Hund ins Zahnfleisch schneiden und heruntergeschluckte Plastikteile zu schlimmen Darmproblemen führen können. Oder daß der Nylonfaden aus der Holzperlenkette, den Bello mitsamt Kette geschluckt hat, dazu führen kann, daß er vom Tierarzt operiert werden muß. Metall, Plastik, Nylonstrümpfe, Schnüre etc. sind sehr gefährlich für Hunde! So mancher Welpe mußte für seine Neugier mit dem Leben bezahlen, weil Herrchen oder Frauchen nicht beachtet hatten, daß sich Bello im Kinderzimmer durchnaschen könnte.

Erklären Sie Ihren Kindern, daß Bello anderes Spielzeug braucht. Eine gute Idee ist, eine extra Kiste für Bellos Spielzeug in der Wohnung zu deponieren, aus der auch Ihre Kinder etwas herausholen dürfen, um mit dem Vierbeiner zu spielen. Alles was giftig, spitzig und leicht verschluckbar ist, muß tabu sein.

Gemeinsames Toben und Spielen macht Spaß und ist für Kind und Hund gesund.

Geeignetes Spielzeug sind Bälle in der richtigen Größe, Stoffetzen, Beißwürste, Ziehringe etc. Im guten Hundefachhandel gibt es eine Menge Auswahl an Hundespielzeug. Lassen Sie sich beraten, denn nicht jedes Spielzeug ist für jeden Hund geeignet.

Kinder unter zehn Jahren und Hunde sollten grundsätzlich nur unter Aufsicht der Eltern miteinander spielen. Auch wenn Ihr Bello die Gutmütigkeit in Person ist, kann es schnell einmal passieren, daß er im Eifer des Gefechts, sprich des Spiels, seine guten Manieren vergißt und etwas grober zur Sache geht, als er sollte. Wie schnell ist ein Fünfjähriger umgerannt und stößt sich vielleicht irgendwo den Kopf an! Oder beim hastigen Zufassen nach dem Ball kommen dem Hund die kleinen Kinderfinger in die Quere – auch wenn Bello dies in der Regel sofort bemerkt, bleiben blutende Kratzer nicht aus. Kleinere Kinder sind dann nicht mehr in der Lage, einen übermütig spielenden Hund zur Ordnung zu rufen. Deshalb sollten Sie unter allen Umständen den Hund und Ihre kleinen Kinder nie alleine lassen! Sie müssen jederzeit eingreifen können. Auch Füttern, Gassigehen oder Bürsten sollten Sie immer nur gemeinsam mit Ihren Kindern durchführen.

Fair play will gelernt sein

10 goldene Regeln für „richtiges" Spielen

Damit aus aller Spiel-Lust kein Spiel-Frust wird, haben wir für Sie die zehn goldenen Regeln des Spielens aufgeschrieben. Wenn Sie sich daran orientieren, haben Sie beide viel Freude am gemeinsamen Spiel mit Ihrem gelehrigen Vierbeiner.

1. Sie bestimmen, wann und wo!

Wenn es nach Ihrem Hund ginge – vor allem, wenn es sich dabei um einen lebhaften Vertreter seiner Rasse handelt –, könnten Sie in Zukunft Bügelwäsche und Kochgeschirr, Gartenarbeit und Bürokram nur noch links liegen lassen, denn es gibt ja sooo viel Spannenderes im Leben: Herumzutoben und zu spielen, am besten immer und überall.

Gemäß diesem Grundsatz versuchen viele Hunde, Herrchen und Frauchen richtig zu erziehen: Kaum haben sich diese am Wohnzimmertisch niedergelassen, um liegengebliebene Ablage zu ordnen (mit Hunden ist es wie mit einem Baby: man kommt zu nichts mehr so richtig, immer bleibt etwas liegen ...), kommt Bello mit seinem Balli im Maul angaloppiert. Mit großen Augen wird Frauchen angestarrt, es folgt ein Stups mit feuchtkalter Nase und, wenn das noch nicht reicht, ein massiverer Schlag

mit der Pfote. „Los, spiel mit mir!" heißt diese unmißverständliche Aufforderung.

Sie sind gut beraten, wenn Sie diese Aufforderung öfter übersehen als darauf einzugehen! Sie wissen inzwischen, daß Hunde unmittelbar aufeinanderfolgende Handlungen sehr gut miteinander verknüpfen können, und diese Fähigkeit wenden sie auch hier an: 'Wenn ich nur aufdringlich genug bin, läßt Frauchen alles stehen und liegen und spielt mit mir!' – das hat Ihr Hund bald heraus.

Das heißt nun nicht, daß jedes Spiel allein von Ihnen initiiert werden soll! Wenn Ihr Hund mit einer Spielaufforderung zu Ihnen kommt, sollten Sie sich darüber freuen und auch einmal – wenn es Ihre Zeit und die Gegebenheiten erlauben – darauf eingehen. Doch Ihre immerwährende Verfügbarkeit als Spielpartner sollte Ihr Hund nie als selbstverständlich annehmen, denn schnell wird sonst aus Ihnen ein Balli-werfender, Leckerli-versteckender Sklave!

2. Spielen Sie nie nach dem Füttern!

Denn sonst können Übelkeit, Erbrechen, eine ungenügende Verdauung der aufgenommenen Nahrung oder im schlimmsten Falle eine Magendrehung die bösen Folgen sein. Hier heißt es, Ihr Tier vor sich selbst zu bewahren! Kaum ist der Futternapf leer, springen viele eifrig zur Spielekiste, um Balli, Knochi oder Ziehlappen zu bringen und eine fröhliche Spielstunde zu beginnen. Wer zwei Hunde hat, kann ebenfalls ein Lied davon singen: Der letzte Bissen ist noch nicht geschluckt, wird wieder durch Haus und Garten getobt.

Hier sind Sie gefragt! Die Gefahr, daß Ihr Hund sich im Spiel nach der Nahrungsaufnahme eine lebensgefährliche Magendrehung zuzieht, ist nicht zu unterschätzen. Wahrscheinlich haben auch Sie schon von einem dieser traurigen Fälle, oftmals mit tödlichem Ausgang, gehört. Leider handelt es sich hierbei nicht um weitererzählte Schreckensgeschichten ohne Grund und Boden, sondern um böse Realität!

Hier hilft nur eins: Nach dem Fressen muß der Hund zur Ruhe angehalten werden! Lassen Sie diese täglichen Ruhephasen zu einem Ritual werden. Fordern Sie Ihren Hund immer wieder dazu auf, nach dem Fressen in sein Körbchen zu gehen, auf seinen Platz zu liegen. Bald geht ihm diese Verhaltensweise so in Fleisch und Blut über, daß Sie nicht mehr viel sagen müssen und sich Ihr Bello von selbst zurückzieht, um zufrieden, mit vollem Bäuchlein, seinen Verdauungsschlaf zu halten!

Wer mit zwei Hunden zusammenlebt, hat es hier sicherlich schwerer, trotzdem ist mindestens eine Stunde Ruhe nach der Fütterung dringend angeraten.

3. Spielzeug gehört immer Ihnen!

Auch wenn Sie sich weder um Bällchen noch um Knochis reißen, sie gehören dennoch Ihnen, und nicht Ihrem Hund! Um diese Regel verstehen zu können, müssen wir wieder in die Vorgeschichte unseres Hundes als Rudeltier zurückblicken: Welch lausigen Rudelführer würden Sie in seinen Augen abgeben, wenn nicht Ihnen, sondern Ihrem Bello die ganzen feinen Ballis und Stockis gehörten! Einen Rudelführer, dem man jedes noch so interessante Utensil abnehmen kann, wird er bald nicht mehr ernstnehmen, sondern versuchen, selbst die oberste Stufe des Rudels einzunehmen. Und seien Sie versichert: Bello als Ihr Chef wird sich nichts wegnehmen lassen!

Lassen Sie sein Spielzeug in der Wohnung verstreut liegen, oder gestatten Sie Ihrem Hund, alles in sein Körbchen zu tragen, kann es dazu kommen, daß er, als ein dominanter Vertreter seiner Rasse, Sie anknurrt, sobald Sie sich auch nur seinem Spielzeugfundus nähern! Solche unerfreuliche Besitzwahrung können Sie einfach umgehen, indem Sie am Ende alles Spielzeug einsammeln und in der Spielekiste verstauen. Angenehmer Nebeneffekt: Was nicht jederzeit für Bello verfügbar ist, bleibt lange Zeit interessant und wird nicht langweilig!

4. Spielen Sie nicht bei Hitze!

In der warmen Jahreszeit sollten Sie Ihre Spielrunden, wie auch Ihre Gassirunden, auf die frühen Vormittags- und späteren Abendstunden verlegen. Steht die Sonne hoch am Himmel und herrschen hochsommerliche Temperaturen, ist die Gefahr, daß Ihr Hund im wilden Spiel einen Kreislaufkollaps oder Sonnenstich bekommt, einfach zu groß. Viele Hunde sind klug genug, um in der Hitze von selbst nach Ruhe zu suchen; andere wiederum würden selbstvergessen bis zum Umfallen spielen und toben.

5. Nicht kurz vor dem Weggehen spielen!

Spielen Sie nicht mit Ihrem Hund, wenn er kurz darauf alleine bleiben

Auch im Winter kann man draußen spielen, wenn der Hund nicht zu lange sitzen muß.

muß! Gerade noch in ein wildes Spiel verwickelt, aufgeheizt und fröhlich, soll Bello sich ruhig verhalten, nachdem Sie ihn verlassen haben. Nach soviel lustigem Zusammensein mit Herrchen wird ihm das schwer fallen: Es kann gut sein, daß ihm dadurch Ihr Weggang sogar stärker zu schaffen macht, als wenn Sie ohne viele Worte einfach die Türe hinter sich schließen. Lassen Sie Ihren Hund nicht in dieses schwarze Loch fallen! Viel besser ist es, die Spielstunde auf die Zeit nach Ihrer Rückkehr zu verlegen, denn dann hat Ihr Hund ein wenig Abwechslung unbedingt verdient!

6. Bei Ziehspielen Sieger bleiben!

Heißbegehrt sind sogenannte Beutespiele, bei denen Herrchen oder Frauchen mit dem Hund um die Wette an einem verknoteten Lappen oder ähnlichem zieht. Da wird auf beiden Seiten geknurrt und gezogen, geschafft und gezerrt, und – am Ende trägt meist Bello mit hocherhobenem Haupt seine Beute davon. Dagegen ist nichts einzuwenden, solange es sich bei Ihrem Hund um einen etwas schüchternen Burschen handelt! Indem Sie ihn bei Ziehspielen anfeuern und auch gewinnen lassen, steigern Sie sein Selbstbewußtsein um etliche Grade!

Anders bei dominanten Hunden, die sich selbst schon als Alpha ihres Rudels sehen: Diese werden in ihrer Einschätzung, sie selbst seien der Stärkste, Überlegenste und somit Geeignetste, um das Rudel zu führen, nur bestätigt. Fazit: Ihre Autorität als Hundehalter hat einen empfindlichen Rückschlag erhalten und Sie müssen sich nicht wundern, wenn Ihr Bello auch bald in anderen Bereichen versucht, das Ruder zu übernehmen! Wer also einen dominanten Hund mit Anführeransprüchen hat und sich ihm kräftemäßig bei einem Ziehspiel nicht gewachsen fühlt, sollte besser auf andere Spielarten umsteigen.

7. Hunde brauchen Ruhephasen!

Daß dies besonders für die ganz jungen, noch im Wachstum befindlichen Tiere sowie die Senioren gilt, ist selbstverständlich. Dabei können gerade Welpen Stunde um Stunde selbstvergessen im Spiel verbringen! Von einem unfertigen Knochengerüst, einem noch nicht ausgebildeten Sehnen- und Muskelapparat wissen die Kleinen natürlich nichts. Hier ist Ihre Verantwortung als Hundehalter gefragt! Gerade bei Welpen ist es ratsam, mehrere kurze Spielrunden statt einer langen einzulegen. Daß Klein-Waldi zwischendurch unbedingt seine Ruhe braucht, sollten Sie unbedingt und von Anfang an auch Ihren Kindern klarmachen.

Doch Ruhe ist nicht nur für Hundebabies wichtig; auch ältere Vertreter wissen oftmals nicht von alleine, wann genug ist. Da wird ein besonders eifriger Geselle hundertmal nach Balli springen, nur um Ihnen zu gefallen oder weil's halt soviel Spaß macht. Daß dadurch bestehende Verschleißerscheinungen nicht besser werden, ist eine traurige Tatsache. Deshalb gilt hier: Vor allem bei größeren, älteren Hunden mit Gelenkproblemen wie der gefürchteten Hüftgelenksdysplasie sollten Sie sportliche Spiele mit abrupten Stops und Geschwindigkeitswechseln besser bleiben lassen und auch beim Spielen eine ruhigere Gangart einschalten.

8. Nicht immer mit Futter belohnen!

Loben können Sie sehr wohl auch mit Ihrer Stimme und durch Streicheln. Gibt es bei jedem gebrachten Balli und bei jedem gefundenen Stocki ein Leckerli zwischen die Zähne geschoben, verlieren diese erstens sehr schnell ihren Reiz, haben Sie zweitens bald eine verfressene Bettelmaschine neben sich sitzen und drittens einen übergewichtigen Hund. Loben Sie jedoch nur jedes dritte oder vierte Mal mit einem Leckerli, erhöht dies für Ihren Hund die Spannung.

9. Sie bestimmen das Ende der Spielrunde!

Das müßte mittlerweile eigentlich schon selbstverständlich sein, nicht wahr? Trotzdem ist dieser Grundsatz in der Praxis nicht immer ganz einfach umzusetzen. Ihnen mag das Balliwerfen nach 20 Würfen vielleicht langweilig werden (... und Ihrem rechten Arm allmählich zu anstrengend), Ihrem Hund dafür noch lange nicht.

Auch Hunde, die in ihrer Ausbildung durch schlechtes Konzentrationsvermögen oder fehlende Ausdauer glänzen und ihre Herrchen manchmal an den Rand der Verzweiflung bringen, entwickeln bei einem Spiel, das ihnen gefällt, bisher

ungeahnte Energien! Da mag die Zunge schon fast den Boden streifen, der ganze Leib durch heftiges Hecheln geschüttelt werden – doch Bello fordert mit Glanz in den Augen: „Los, Frauchen, noch einmal das tolle Stöckchen-Spiel!"

Am besten ist es, wenn Sie am Ende eines Spiels immer das gleiche Schlüsselwort (z. B. Ausgespielt! Schluß!) sagen und die Spielutensilien demonstrativ an sich nehmen.

So wird Ihr Hund bald merken, daß auch längeres Herumzappeln seinerseits

Lob ist sehr viel wichtiger als strafen oder tadeln!

Zusammenfassung der „Goldenen Regeln"

1. Sie bestimmen, wann und wo gespielt wird.
2. Lassen Sie Ihren Hund nie nach den Fütterungszeiten spielen.
3. Spielzeug gehört immer dem Rudelführer.
4. Spielen Sie nur dann, wenn es die Temperaturen erlauben.
5. Spielen Sie nicht mit Ihrem Hund, wenn er kurz darauf alleine bleiben muß.
6. Bei Ziehspielen sollten Sie nicht unbedingt den Kürzeren ziehen.
7. Hunde brauchen Ruhephasen.
8. Gewöhnen Sie sich an, nicht immer und bei jedem Lernerfolg mit Futter zu belohnen.
9. Der Rudelchef bestimmt das Ende einer Spielrunde.
10. Beenden Sie ein Spiel immer mit einem positiven, lustvollen Erlebnis.

nicht zu der gewünschten Zugabe führt. Hilfreich kann auch sein, wenn Sie Ihrem Hund das Spielende mit einem Kauknochen oder Hundekeks versüßen. Dadurch folgt auf die Phase höchster Aktivität nicht unmittelbar vollkommene Passivität.

10. Schließen Sie mit einem positiven Erlebnis!

Damit behält das Spiel seinen Reiz und Ihr Hund seine Spielfreude. Packen Sie dagegen wutentbrannt das Geschicklichkeitsspiel in den Schrank und strafen Ihren Hund durch Mißachtung, weil er scheinbar vier linke Pfoten besitzt, werden Sie ihn beim nächsten Mal kaum mehr animieren können.

Könnte Bello jedoch vor Stolz über die eigene Leistung fast platzen, ist es der richtige Zeitpunkt, mit einem Spiel aufzuhören.

Üben Sie gerade etwas Komplizierteres ein, was noch nicht auf Anhieb klappt, hängen Sie einfach am Ende eine einfachere Übung an, um mit einem Erfolgserlebnis abzuschließen.

Sicheres und praktisches Hundespielzeug

Wie sieht geeignetes Spielzeug aus?

In den vorangegangenen Kapiteln haben wir bereits ansatzmäßig erklärt, wie geeignetes Spielzeug für Hunde beschaffen sein sollte. Bevor wir nun in den großen Spiele- und Freizeitteil einsteigen, möchten wir unsere Spielzeugtips noch ein wenig ergänzen.

Absolut ungeeignet sind alle spitzen und scharfkantigen Dinge, zum Beispiel Spielzeug, in welchem spitze Dinge enthalten sind (Drähte, Nägel etc.).

Verboten sind auch alle giftigen Materialien wie z.B. Äste von giftigen Sträuchern, lackierte Dinge etc. Unverdauliche Utensilien gehören ebenso außer Reichweite eines Hundes. Hierzu gehören z.B. Windlichter aus Aluminium genauso wie Plastikbecher, Schnüre oder dünne Nylonstrümpfe. Und wie schnell ist ein zerbissener Luftballon geschluckt?!

Schon viele Hunde, vor allem Welpen, mußten durch eine Notoperation von solchen Dingen befreit werden, die im Leib eines Hundes Darmverschlingungen oder Verletzungen hervorrufen können. Auch Legobausteine sind, wie bereits erwähnt, für Hunde völlig ungeeignet, da sie beim Zerbeißen splittern und dem Hund Verletzungen im Maul bzw. im Darm beibringen können.

Ungefährlich sind dagegen Hunde-spielsachen aus Stoff, Hartgummi, reißfestem Nylon, Hartholz, Jute oder aus natürlichen Materialien wie z.B. Büffelhautknochen, Kauröllchen oder sonstige Kauspielzeuge aus Rinderhaut. Letztere stärken außerdem die Kiefer, reinigen das gesamte Gebiß und helfen dem Welpen beim Zahnwechsel, da er bei „Zahnweh" auf diesen Kauknochen wunderbar und völlig gefahrlos herumnagen kann.

Bälle

Den meisten Hunden macht Spielen mit Bällen Spaß. Hier sollte man aber schon wieder Vorsicht walten lassen: Plastikbälle, wie sie z.B. Kinder bekommen, haben meist eine so dünne Haut, daß der Welpe oder Junghund sie mühelos und ruckzuck zerlegt. Schluckt er Teile davon, kann dies wieder zu den bereits erwähnten Folgen führen. Vor allem das Ventil sollte auf jeden Fall vor der Benutzung durch den Hund ausgebaut werden. Meist montiert der Vierbeiner nämlich dieses als allererstes heraus und verschluckt es.

Ebenso sind Spielzeuge mit „quietschenden" Ventilen für Hunde nicht unbedingt empfehlenswert. Kynologen vermuten, daß der Quietsch-Igel oder ähnliches dem Hund die Beißhemmung gegenüber quiekenden unterlegenen Artgenossen abgewöhnt.

Besser sind Bälle aus Hartgummi, die viel resistenter gegen die Zerstörungsversuche der Vierbeiner sind. Diese gibt es in vielen verschiedenen Formen und Farben: rund, achteckig mit abgerundeten Ecken, konisch (im Fachhandel unter dem Namen „Kong" erhältlich), als Igel, als Ring, als Schlange; Ihr Hund wird in jedem Fall seine Freude daran haben.

Gutes Hundespielzeug gibt es im Zoofachhandel.

Verschiedene Materialien

Eine breite Auswahl an geeignetem Hundespielzeug bietet der gute Hundezubehörfachhandel. Hier können Sie sich auch eingehend beraten lassen, damit Sie je nach Größe, Alter und Temperament Ihres Hundes die richtigen Utensilien mit nach Hause bringen. Vorsicht! Wer zum ersten Mal einen Blick in die bunten Regale der Fachhändler wirft, wird vom Riesenangebot wahrscheinlich zuerst einmal erschlagen sein. Deshalb möchten wir Ihnen eine ganz kleine Übersicht zu Ihrer Orientierung geben.

Stoff: Hier gibt es ein wundervolles Spielzeug, das aus vielen bunten Baumwollschnüren besteht, die zu einem gewaltigen Knoten zusammengedreht wurden. Temperamentvolle Hunde lieben es, mit ihren Herrchen oder Frauchen daran um die Wette zu zerren. Für zartere Gemüter, die − wie kleine Kinder − einfach etwas zum Kuscheln in ihrer Schlafstatt brauchen, sind Stofftiere in verschiedenen Ausführungen erhältlich.

Hartgummi: Aus diesem Material besteht der größte Teil unserer Utensilien. Sie können wählen zwischen Bällen in vielen verschiedenen Größen, Formen und Farben, Kongs in ebensovielen Variationen, Beißringen in glatter und in genoppter Ausführung, Gummitieren wie Igeln, Enten oder Mäusen, Gummischuhen, Gummihanteln und dergleichen mehr. Der Phantasie der Hundebesitzer sowie der Spielzeughersteller sind hier keine Grenzen gesetzt.

Reißfestes Nylon: Hier sei vorrangig die Frisbee-Scheibe für Hunde erwähnt, die in den letzten Jahren immer größere

Beliebtheit erlangt hat. Durch das gewählte Material kann sie jederzeit zusammengefaltet und in der Hosentasche verstaut werden.

Hartholz: Daraus bestehen hauptsächlich die sogenannten Apportierhölzer. An einem Holzstab befinden sich rechts und links Holzgewichte in verschiedenen Größen. Mit diesen Hölzern wird vor allem in den Hundesportvereinen das Apportieren geübt. Aber auch der eine oder andere „Privathund" hat sich ein solches Bringholz zum Lieblingsspielzeug erkoren.

Jute oder Leder: Sogenannte Beißwürste oder Bringsel in verschieden großen Ausführungen bestehen aus Jute, dem Material, aus dem auch die Jutesäcke gefertigt werden. Auch Leder wird gerne für diese Bringsel verwendet. Diese Beißwürste sind weich, da sie innen mit einer synthetischen Watte gefüllt sind, und erfreuen sich bei den meisten Hunden bei Rauf- und Zerrspielen mit Herrchen oder Frauchen großer Beliebtheit. Besonders handlich sind sie, wenn rechts oder links bzw. an beiden Seiten noch Lederlaschen zum besseren Festhalten für Herrchen angebracht sind.

Tierhaut: Büffelhautknochen, Ochsenziemer, Kauröllchen, Schuhe, Körbchen, Würste aus diesem natürlichen Material werden als „Kauspielzeuge" vom Hund gerne genommen. Im Gegensatz zu den anderen Spielsachen dient diese Gruppe dazu, den Hund dazu zu veranlassen, sich mit sich alleine zu beschäftigen. Ein Kauknochen kann eine wunderbare Überbrückung sein, wenn der junge Hund zum ersten Mal für einige Zeit alleine zuhause bleiben muß.

Freßbare Spielzeuge sind der Renner bei allen Hunden!

Ganz abgesehen davon sind Kauspielzeuge hervorragend zur Gebißreinigung und -stärkung geeignet.

Vorhandene Spielutensilien

Einige der angeführten Spielzeuge kann man natürlich auch selbst machen! Das schont den Geldbeutel und dient dem gleichen Zweck:

Stoff: Wohl jeder Erwachsene besitzt die eine oder andere Jeanshose, die ihm zu eng, zu kurz oder einfach unmodern geworden ist. Ein abgetrenntes Jeansbein (ohne das Oberteil mit dem verschluckbaren und damit gefährlichen Knopf oder dem Reißverschluß) eignet sich ganz hervorragend zu Rauf- und Zerrspielen! Das gleiche gilt – besonders geeignet für kleine Hunde – für ausrangierte Geschirrtücher, alte Handtücher, Baumwoll-T-Shirts, etc.

Jute oder Leder: Sollten Sie im Besitz eines alten Jutesackes sein, können Sie diesen leicht mit Holzwolle oder ähnlichem, ungiftigen Material ausstopfen, oben und unten mit einem Baumwollstrick zubinden, und schon haben Sie eine wunderbare Beißwurst. Für kleine Hunderassen nehmen Sie einfach ein kleines Weihnachts-Jutesäckchen, das im Dezember gerne mit Süßigkeiten gefüllt als „Nikolaus" verschenkt wird. Sollten Sie an Lederreste kommen, sind diese schnell zu einer Rolle zusammen-

Alte Kleidungsstücke liefern prima Ziehspielzeuge.

genäht, die ebenfalls mit Holzwolle ausgestopft werden kann.

Hartholz: Im Prinzip finden Sie geeignetes Spielzeug aus Holz fast an „jeder Ecke" Ihres Spazierganges mit dem Hund! Ein Abstecher in den Wald genügt, um reich beladen mit verschiedenen Stöcken, Ästen und Prügeln wieder herauszukommen. Aber Vorsicht: Achten Sie bei diesen natürlichen Hölzern darauf, daß sie nicht scharfkantig oder zersplittert sind und sich Ihr Hund beim Zufassen nicht dran verletzt. Natürlich können Sie Ihrem Bello auch ein richtiges Apportierholz basteln. Ein ca. zwanzig Zentimeter langes Stück eines Besenstiels, zwei Holzkugeln mit jeweils einer Aussparung vom Umfang des Besenstiels, ungiftiger (!) Holzleim, und schon hat Ihr Vierbeiner ein neues Spielzeug!

Wer lieber einkaufen geht statt zu basteln, für den haben wir noch eine kleine Einkaufsliste vorbereitet:

Grundausstattung

● Ganz wichtig ist für fast jeden Hund sein Ball. Welche Form oder Größe er dabei bevorzugt, ob er lieber einen Hartgummiball, einen Kong oder einen Lederfußball mag, müssen Sie selbst feststellen. Wichtig aber ist, die Größe und Rasse des Hundes zu berücksichtigen.

● Ein Lappen, ein altes Handtuch oder eine Beißwurst aus Jute oder Leder sind für die lebhaften Vertreter der Vierbeiner für ausgiebige Zerrspiele mit dem Herrchen oder Frauchen von großer Wichtigkeit und sollten in der Spielkiste nicht fehlen.

● Kauspielzeug wie Büffelhautknochen oder Ochsenziemer sollte immer vorrätig sein, damit sich der Hund zwischendurch auch einmal mit sich selbst beschäftigen kann.

Sie werden staunen, wieviele Variationen und Spielemöglichkeiten sich alleine aus diesen wenigen Utensilien ergeben! Kaufen Sie dazu noch ein, zwei „Spezialausrüstungen" wie eine flexible Leine zum Joggen oder ein Zuggeschirr, um größere Hunde vor den Kinderschlitten zu spannen, dann sind der Spielfreude keine Grenzen mehr gesetzt! Keine Sorge: Wir haben bei jeder Spielidee dazugeschrieben, welche „Zutaten" Sie benötigen, so daß zu Spielbeginn alles bei der Hand ist.

Und nun: Viel Spaß im großen Spiele- und Freizeitteil! Hier werden Sie sicher auch für Ihren Vierbeiner die richtigen Spielideen finden, die bald zu beliebten Freizeitaktivitäten werden.

Auch im Wald findet man interessantes Spielzeug.

Spiel und Spaß für drinnen und draußen

Der Spieleteil mit 60 Spiel- und Freizeitideen

60 Spiel- und Freizeitideen sind eine ganze Menge – da möchte man am liebsten gleich loslegen und alle ausprobieren. Um Ihnen die Auswahl der Spiele zu erleichtern, die Ihnen und Ihrem Hund besonders viel Spaß bereiten, haben wir jedes Spiel mit Symbolen versehen, die gleich das wichtigste darüber verraten:

 leicht zu lernen

 ein wenig anspruchsvoller

 setzt etwas Sportlichkeit bei Hund und/oder Mensch voraus

 macht Kindern besonders viel Spaß

 das kann ein Hund auch gut alleine spielen

Spiel- und Freizeitideen für drinnen

Nicht immer reicht die Zeit für stundenlanges Spazierengehen, manchmal macht einem die eigene Gesundheit oder die des Hundes einen Strich durch die Rechnung. Auch Besitzer einer läufigen Hündin verkürzen das tägliche Gassigehen in der „gefährlichen" Zeit gerne auf ein absolutes Minimum. Und ist der Hund erst einmal älter, sind stundenlange Märsche sowieso out. Bei zehn Grad Minus hört nicht nur für viele Hundebesitzer, sondern auch für deren Vierbeiner die Freude am Naturburschendasein auf – der Rückzug in die gute Stube ist angesagt.

Trotzdem hat der Tag 24 Stunden und Bello will weiterhin beschäftigt werden. Mit unseren Spielideen ist das kein Problem mehr: Wann immer Sie einige Minuten Zeit haben, können Sie eine davon in Ihren Tagesablauf einbauen. Sie werden staunen, wieviele Möglichkeiten sich dabei wie von selbst anbieten. Dabei erheben wir keinerlei Anspruch auf Vollständigkeit! Ganz im Gegenteil: Lassen Sie sich von unseren Ideen anregen, neue, aufregende Spiele für sich und Ihren Hund zu erfinden. Schreiben Sie uns davon, so daß wir Ihre Erfindungen in zukünftigen Büchern berücksichtigen können. Doch zuerst einmal wünschen wir viel Spaß und gute Unterhaltung mit unseren Spiel- und Freizeitideen für drinnen.

Beim Spielen in der Wohnung beachten

● Stehlampen, Bodenvasen, die Porzellanfigurensammlung – sorgen Sie dafür, daß in der Nähe des Spielplatzes nichts Zerbrechliches steht (was in einer hundegerechten Wohnung sowieso nicht vorkommen sollte...).

● Offenliegende Kabel, Lam-

penschalter und andere technische Gerätschaften gehören ebenfalls nicht in die Nähe von Hundezähnen.
● Gibt es in Ihrer Wohnung Räume (z. B. die Küche oder das Schlafzimmer), die für Ihren Hund tabu sind, sollten Sie ihn auch während des Spielens nicht dort hineinlassen.
● Ist Ihre Wohnung zweigeschossig, vermeiden Sie zu häufiges Treppenlaufen während der Spiele wie auch während des gesamten Tagesablaufes.

1. Salvatores Hütchenspiel

Sie brauchen dazu:
zwei ausrangierte Nudelsiebe, einige Leckerlis
Fördert:
Ausdauer, Intelligenz, Geruchssinn, Gehorsam

Wir alle kennen sie: Die flinken Straßenspieler der Großstädte, die mit schnellen Händen geschickt eine Nuß oder Kugel unter einem von drei Hütchen verstecken, diese in Windeseile hin- und herbewegen, und hastig versammelte Zuschauer raten

lassen, in welchem der drei Hütchen sich das versteckte Teil befindet. Nun, etwas Ähnliches wollen wir heute mit unserem Hund spielen.

Lassen Sie Ihren Hund vor sich absitzen oder abliegen und versuchen Sie, seine Konzentration auf Ihre Hände zu lenken. Zeigen Sie ihm das Leckerli und lassen Sie dieses dann mit mehr oder weniger Zeremonie unter einem der beiden Nudelsiebe verschwinden. Will Ihr Hund aufstehen und das Leckerli jetzt schon suchen, weisen Sie ihn mit dem Schlüsselwort „Bleib!"

zurück. Drehen Sie dann die beiden Nudelsiebe vor seinen Augen hin und her, so daß beide mehrmals von links nach rechts und andersherum wechseln. Dann erst geben Sie ihm das Schlüsselwort „Such Leckerli" und zeigen auf die beiden Siebe.

Was jetzt folgt, ist filmreif, das können wir Ihnen versprechen! Wahrscheinlich findet Bello durch seinen Geruchssinn recht schnell heraus, unter welchem Sieb sich sein Leckerli befindet. Wie er daran kommt, ist allerdings eine andere Frage. Da wird

Gespannt verfolgt die Hündin, wie Frauchen das Leckerli versteckt.

mit der Pfote dagegenge-
stoßen, das Sieb quer durchs
ganze Zimmer geschoben,
mit dem Maul nachgeholfen,
bis ... es plötzlich klappt!
Doch keine Sorge: Langweilig
wird Salvatores Hütchenspiel
höchstens einmal Ihnen, Ihr
Hund wird immer wieder viel
Freude an dem Spiel haben.

2. Das Stöber-
hund-Spiel

Sie brauchen dazu:
einige stark riechende Leckerlis, z. B. kleine Fleischwurststückchen
Fördert:
Ausdauer, Geruchssinn,
Führigkeit

Was einige seiner vierbeinigen Kollegen zum Beruf haben, nämlich verlorengegan-
gene Personen oder Gegen-
stände aufzustöbern, kann Ihr
Bello jetzt hobbymäßig auch
einmal trainieren. Bei
schlechtem Wetter ist dies ein
prima Spiel, um sich die Zeit
in der Wohnung sinnvoll zu
vertreiben. Bei gutem Wetter
können Sie es nach ein wenig
Übung auch einmal auf den
Garten ausweiten.
Lassen Sie Ihren Hund in
einer etwas abgelegenen Ecke

Ihrer Wohnung mit den
Schlüsselworten „Platz und
Bleib!" abliegen. Nehmen Sie
das Wurststückchen und rei-
ben Sie damit über Ihre
Hände, so daß diese ein wenig den Geruch annehmen,
und zeigen Sie es Bello mit
viel Brimborium. Verstecken
Sie es dann an einem Ort in
Ihrer Wohnung, der für Bello
mit etwas Suchen auffindbar
und erreichbar ist: Unter einer Teppichbrücke, einem Sofakissen, hinter einem Möbel-
stück.
Gehen Sie zu Ihrem Hund
zurück, lassen Sie ihn mit
dem Schlüsselwort „Sitz" sitzen und an Ihren Händen
schnuppern. Nun folgt „Such
Leckerli!" und eine nach
vorne weisende Handbewe-
gung. Zuerst wird Ihr Hund
aufgeregt durchs Zimmer laufen. Versuchen Sie dann, ihn
durch Handzeichen gezielt
den Raum Stück für Stück absuchen zu lassen, bis er in die
Nähe des Leckerlis kommt.
Hat er dieses gefunden, wird
er für seine tolle Leistung
kräftig gelobt!
Dieses Spiel finden die
meisten Hunde so toll, daß
sie selbst das lästige Abliegen
im Vorfeld willig und folgsam
in Kauf nehmen, mag dieses
auch in anderen Situationen
sonst gar nicht klappen!

3. Das Sockenspiel

Sie brauchen dazu:
möglichst viele alte, ausrangierte Socken und stark riechende Leckerlis, z.B.
Fleischwurststückchen
Fördert:
Geruchssinn, Ausdauer, Gehorsam (durch vorhergehendes Abliegen)

Auch bei diesem Spiel ist
vor allem der Geruchssinn Ihres Hundes gefordert. Und
weil Hunde ihre Welt vor allem durch die Nase erleben,
haben die meisten riesig viel
Spaß am Sockenspiel.
Lassen Sie Ihren Hund vor
sich absitzen oder abliegen.
Werfen Sie mit großer Geste
alle Socken auf einen Haufen.
Zeigen Sie jetzt Ihrem Hund
das Wurststückchen und lassen Sie es dann in einem der
Socken verschwinden. Mi-
schen Sie den Sockenhaufen
einmal kräftig durch.
Achtung! Bello sollte trotz
Aufregung noch liegenbleiben, bis Sie ihm das Schlüsselwort „Such Socke!" geben.
Hier heißt es ganz bewußt
nicht „Such Leckerli", weil
Sie das Leckerli bei fortge-
schrittener Übung auch weg-
lassen und durch einen von

Eifrig sucht die Hündin in dem Berg Socken nach dem darin versteckten Leckerli.

Ihnen getragenen Socken ersetzen können.

Dann heißt es für den Hund, den richtigen Socken durch Ihren Eigengeruch ausfindig zu machen. Ist ihm dies gelungen, folgt das Lob natürlich auf dem Fuß!

4. Das Um-die-Wette-Ziehspiel

Sie brauchen dazu:
ein ausrangiertes Handtuch oder ähnliches Stoffstück,

welches Sie in der Mitte einmal kräftig verknoten

Fördert:
Selbstbewußtsein, Gehorsam (durch das anschließende Auslassen auf Kommando), Kräftigung der Nackenmuskulatur, Kräftigung des Gebisses

Ein wunderbares Spiel, weil es überall kurzfristig durchzuführen ist, keinerlei Aufwand benötigt und fast allen Hunden viel Spaß macht!

Schon bei Welpen im Spiel mit ihren Geschwistern kann man beobachten, wie sie sich um einen Stoffetzen rangeln.

Auch dem erwachsenen Hund macht solch Kräftemessen viel Spaß, wobei schüchterne Hunde zu Beginn vielleicht ein wenig dazu animiert werden müssen, das Handtuch zwischen die Zähne zu nehmen und draufloszuziehen. Draufgängerische Kameraden wissen jedoch gleich, worum es geht und können Sie, bei entsprechender Größe, dabei schon einmal aus dem Fernsehsessel ziehen!

Ganz wichtig: Das Schlüsselwort „Aus!". Sollte dies noch nicht so richtig funktionieren, lesen Sie ab Seite 113 nochmals nach, wie Sie Ihrem Hund beibringen, Spielzeug oder Apportiergegenstände willig und jederzeit auf Ihr Kommando herzugeben.

Lassen Sie Ihren schüchternen Hund beim Ziehspiel hin und wieder gewinnen, fördert dies enorm sein Selbstbewußtsein. Auf der anderen Seite: Ein sehr selbstbewußter Hund sollte nicht ein einziges Mal als Sieger hervorgehen und die Beute wegtragen dürfen. Das müssen in jedem Falle Sie tun. Wie bei allen Spielen bestimmen Sie auch hier, wie lange gespielt wird.

 Tip: Im Zoofachhandel gibt es unzählige verschiedene Spielzeuge aus Seil, Latex oder anderen Materialien, die sich für Ziehspiele besonders eignen. Natürlich können Sie jederzeit auf eines dieser nützlichen Utensilien zurückgreifen. Ein ausrangiertes Baumwoll-Sweat-Shirt oder ein altes Handtuch leisten für tolle Ziehspiele ebenso gute Dienste.
Achten Sie aber darauf, daß Ihr Ziehspielzeug – egal ob gekauft oder „selbstgemacht" – aus Naturmaterial besteht, und trennen Sie gegebenenfalls Knöpfe oder harte Zierleisten ab.

5. Der Mutsprung

Sie brauchen dazu:
einen willigen Mitspieler
Fördert:
Vertrauen zwischen Mensch und Tier, Sprungkoordination, Selbstvertrauen in die eigene Leistung

Was fällt einem nicht alles so ein, wenn die Tage lang, trüb und dunkel sind? Auch bei diesem Spiel handelt es sich um eine kleine Übung, die Sie prima in der Wohnung zwischendurch einmal machen können.

Lassen Sie ein Familienmitglied oder anderen Freiwilligen in der Vierfüßler-Haltung auf den Boden knien. Animieren Sie Ihren Hund nun mit dem Schlüsselwort „Hopp!" und Gesten dazu, über den Rücken des Knieenden zu springen.

Handelt es sich bei Ihrem Mitspieler nicht gerade um einen 2,15 m Mann und bei Ihrem Hund um einen 20 cm kleinen Zwerg, müßte dies recht schnell funktionieren.

Den meisten Hunden ist ihr Stolz nach gelungenem Sprung regelrecht anzusehen. Und dem Mitspieler die Erleichterung.

Alle Hunde lieben solche Um-die-Wette-Ziehspiele mit ihrem Frauchen.

Er legt beim Mutsprung eine Zwischenlandung auf dem Rücken ein.

- Lassen Sie ihn Putzeimer und Putzlappen apportieren.
- Lassen Sie ihn einen Korb Wäsche bewachen, während Sie Wäscheklammern holen gehen.
- Nehmen Sie ihn mit nach draußen, wenn Sie die Straße fegen und lassen Sie ihn dabei den kleinen Kehrbesen hinaustragen.
- Fordern Sie ihn auf, zusammengelegte Sockenpaare in einen von Ihnen bereitgestellten Korb zu legen.

Solche kleinen Aufgaben bedeuten Abwechslung und Beschäftigung für Ihren Hund, für die er Ihnen dankbar ist. Wer meint, Hunde seien dafür zu faul und würden lieber träge im Körbchen herumliegen, wird durch den Eifer seines vierbeinigen Mitarbeiters schnell eines besseren belehrt!

Indem Sie Ihren Hund zum „Helfer" bei der Alltagsbewältigung machen, stellen Sie im Prinzip die klassische Situation im Wildhunderudel nach, wobei der Rudelchef sich bei der Welpenaufzucht ebenfalls von Junghunden assistieren läßt.

Seien Sie also erfinderisch und nutzen Sie kleine Lücken Ihres Alltags, um die Langeweile Ihres Vierbeiners zu vertreiben.

6. Das bißchen Haushalt-Spiel

Sie brauchen dazu:
einige Belohnungsleckerlis in der Schürzentasche
Fördert:
Gehorsam und eine engere Bindung zwischen Ihrem Hund und Ihnen

Spielen macht Spaß, nur der Haushalt will eben auch gemacht werden, mögen die Hundeaugen auch noch so sehnsüchtig nach Abwechslung lechzen. Unser Vorschlag: Verbinden Sie beides! Lassen Sie Ihren Hund bei der Hausarbeit helfen. Das kann auf verschiedene Arten funktionieren – und sicher fällt Ihnen im Alltag noch eine Menge mehr ein:

„Helfen im Haushalt" bietet Beschäftigung und Aufmerksamkeit.

und schnell einmal zwischendurch gespielt werden kann.

Lassen Sie Ihren Hund vor sich absitzen oder abliegen. Legen Sie dann das Spielzeug mit viel Zeremoniell unter die Decke und zerwühlen Sie diese ein wenig. Geben Sie Ihrem Hund dann das Schlüsselwort „Such Balli!" und freuen Sie sich daran, wie aktiv Ihr Wollknäuel auf einmal wird: da wird gestöbert und gegraben, gezogen und geschnuppert. Damit Ihr Hund im Eifer des Gefechtes weder Bodenvase noch Rokoko-Lampe umwirft, sollten Sie dieses Spiel in die Zimmermitte verlegen.

8. Das Geschicklichkeitsspiel

Sie brauchen dazu:
ein hölzernes Geschicklichkeitsspiel für Kinder der Altersstufe 3–5 (Spielwarenladen, Flohmarkt, Marke Eigenbau)
Fördert:
Reaktionsvermögen, Kombinationsvermögen, Konzentration

Geschicklichkeitsspiele, ähnlich dem auf dem Foto,

7. Das Wühlmausspiel

Sie brauchen dazu:
eine ausrangierte Decke, ein Spielzeug oder Leckerlis
Fördert:
Ausdauer und etwas Einfallsreichtum

Jetzt wird's wieder etwas wilder: graben, wühlen, Löcher ins Erdreich buddeln, nach Mäusen und Maulwürfen forschen ist ein wunderbarer Zeitvertreib – aber leider ganz und gar nicht wohnungstauglich. Hier kommen wieder die Wühlmäuse und Rauhbeine auf ihre Kosten. Trotzdem ist es ein Spiel, das keinerlei Aufwand erfordert

gibt es für Kleinkinder zuhauf. Zum einen wird die Reaktionsschnelligkeit, das Kombinationsvermögen, die Konzentration, aber auch die Feinmotorik kleiner Kinder dadurch gefördert. Zum andern machen Sie einfach nur riesig viel Spaß! Daß alles oben Genannte auch für Hunde gilt, haben wir zunächst durch Zufall entdeckt, dann allerdings an verschiedenen „Versuchstieren" ausprobiert. Mit Erfolg! Fast alle unsere Testhunde haben sofort begriffen, daß es gilt, den Moment, in dem das Rundholz aus der Halterung

springt, abzupassen, und dieses blitzschnell mit dem Maul aufzufangen. Bei etwas langsameren Gesellen springt das Rundholz zwar erst auf den Boden, bevor es aufgenommen wird, aber das tut der Spielfreude keinen Abbruch.

9. Das Namen-Spiel

Sie brauchen dazu:
eine gesellige Runde aus Familienmitgliedern, mit denen

Ihr Hund tagtäglich vertraut ist und einige Leckerlis
Fördert:
Gehorsam, Aufmerksamkeit, Zutrauen in Menschen (bei schüchternen Hunden)

Sobald Ihr Hund dieses Spiel beherrscht, können Sie bei Familienfeiern damit mächtig Eindruck schinden! Beginnen Sie mit dem Einüben am besten mit maximal zwei bis drei Mitspielern, die Sie mit Hundeleckerlis ausrüsten. Setzen Sie sich dann mit Ihrem Hund den Mitspielern gegenüber. Schicken Sie Bello per Handzeichen und mit

Noch muß Frauchen den Mechanismus auslösen – bald kann die Hündin es selbst.

„Geh' zu Sonja!" Er marschiert los und wird gleich von Sonja belohnt.

dem Schlüsselsatz „Geh zu Oma!" zu der entsprechenden Person. Ist er dort angekommen, wird er von dem Betreffenden heftig gelobt und bekommt ein Leckerli zugesteckt. Nun kann entweder diese Person den Hund weiterschicken, oder Sie rufen ihn wieder zu sich und verfahren erneut wie oben. Wichtig ist dabei unbedingt das Leckerli, denn der Hund soll das „von Ihnen weggeschickt werden" als etwas Lustvolles empfinden.

Tip: Namen lernt Ihr Hund nicht von heute auf morgen, sondern dadurch, daß Sie im Laufe des Tages viel mit ihm sprechen und dabei immer wie-

der bei passender Gelegenheit Namen und Bezeichnungen fallenlassen, z. B. so: *„Schau Charly, da kommt Bettina!"* Dabei kommen Sie sich kindisch vor? Keine Sorge, das läßt nach ... Im Ernst: Hunde lieben es, wenn wir mit Ihnen reden, und zwar völlig normal und nicht in der Klein-Waldo- oder Babysprache. Nur so kann Ihr Hund die Menschensprache lernen, nur so versteht er, was Sie von ihm wollen. Sie meinen, das widerspricht den landläufigen Aufforderungen anderer Hundebücher, sich lediglich mit kurzen, knappen und immer möglichst gleichen Kommandos mit dem Hund zu verständigen? Ganz im Ge-

genteil! Zu Beginn Ihrer Partnerschaft kann es hilfreich sein, sich mit kurzen, knappen Schlüsselworten verständlich zu machen.

10. Das Wo-ist-der-Lachsack-Spiel

Sie brauchen dazu:
einen Lachsack (Spielwarenhandel)
Fördert:
Gehör, Konzentration, Gehorsam (durch vorhergehendes Abliegen)

Im Grunde genommen handelt es sich hierbei um ein einfaches Versteckspiel, das jedoch durch die lustige Geräuschkulisse einen enorm hohen Unterhaltungswert für Hunde hat. Die Spielregeln sind denkbar einfach: Lassen Sie Ihren Hund abliegen, zeigen Sie ihm den Lachsack, und verlassen Sie dann das Zimmer, um den in der Zwischenzeit aufgezogenen Lachsack in einer dem Hund zugänglichen Ecke Ihrer Wohnung zu verstecken. Gehen Sie dann zum Hund zurück und fordern Sie ihn mit dem Schlüsselwort „Such!" auf, mit der Suche zu beginnen. Hahahahaha ...

11. Das Räum-dein-Spielzeug-auf-Spiel

Sie brauchen dazu:
Bellos Spielzeugkiste bzw.
-korb
Fördert:
geistige Regsamkeit, Konzentration

Vielleicht hätten wir dieses Spiel ganz an den Anfang setzen sollen, denn beherrscht ein Hund es erst einmal, erweist es sich als sehr sinnvoll: Auch hier heißt es, wieder ganz im Kleinen anzufangen, um den Hund nicht zu überfordern. Legen Sie sich drei äußerlich sehr unterschiedliche Spielzeuge zurecht und fordern Sie Ihren Hund mit dem Schlüsselwort „Bring Balli!" oder „Bring Puppe!" zum Apport auf. Wichtig dabei ist auch, daß sich Ihre Schlüsselworte lautmäßig voneinander unterscheiden. Sie können außerdem Ihren Hund anfangs durch Handzeichen unterstützen. Außerdem können die Spielzeugnamen im tagtäglichen Gebrauch eingeübt werden, bis sie dem Hund irgendwann selbstverständlich geworden sind.

Viele Abwandlungen sind hier möglich: Sie können Bello in der Kiste nach dem gewünschten Spielzeug wühlen lassen. Oder Sie können ihn dazu auffordern, ein Spielzeug nach dem andern in die Kiste zurückzulegen, „aufzuräumen" sozusagen. Wir kennen Hunde, die mehr als zehn verschiedene Spiel-

Geduldig bringt der Junge seinem Hund die Namen der einzelnen Spielzeuge bei.

zeuge beim Namen kennen;
unsere eigenen gehören leider nicht dazu ...

Wie bei allen Spielideen
gilt auch bei dieser: Beenden
Sie das Spiel immer mit einem positiven, lustvollen Erlebnis. Und ärgern Sie sich
nicht, wenn Ihr Hund nicht
gleich kapiert, was denn nun
Stocki und was Balli ist. Nicht
jeder ist ein Einstein.

12. Das Hat-der-Hund-Hunger?-Spiel

2

Sie brauchen dazu:
Bellos Futterschüssel
Fördert:
Gehorsam, Kombinationsvermögen, Selbstvertrauen

„Hat der Hund etwa Hunger?" – „Und ob!"

Auch hier handelt es sich
um ein Spiel, welches sich
wunderbar in den Tagesablauf einbauen läßt und welches somit keine extra Zeit
kostet. Lediglich ein wenig
Geduld Ihrerseits ist notwendig. Da jedoch eine besonders
große Futterbelohnung damit
verbunden ist, ist das Spiel
gleichzeitig auch sehr erfolgversprechend. Beherrscht Ihr
Hund den Trick, können Sie
damit auch wieder mächtig
Eindruck schinden.

Animieren Sie Bello
während der Futterzeit dazu,
die (unzerbrechliche) Schüssel aufzunehmen und Ihnen
zu bringen. Obwohl sich das
denkbar einfach anhört, haben wir festgestellt, daß nicht
jeder Hund dazu bereit ist.
Vielleicht ist dem einen das
Metall zwischen den Zähnen
unangenehm, und dem anderen gefällt das Apportieren an
und für sich schon nicht –
hier gilt es, Vorlieben und Abneigungen Ihres Hundes zu

akzeptieren. Mit Zwang erreicht man hier – und auch
beim Spielen allgemein – sowieso nichts!

13. Das Sag-Hallo-Spiel

1

Sie brauchen dazu:
eventuell einige Leckerlis
Fördert:
Gehorsam; wirkt positiv auf

Menschen, die vor Hunden Angst haben

„Hier handelt es sich um eine unserer leichtesten Übungen, wuff!" wäre die Antwort unserer Hunde, würden wir sie dazu befragen. Denn viele geben von sich aus Pfötchen, weil ihnen das sozusagen in die Wiege gelegt worden ist: Im Grunde genommen handelt es sich dabei um nichts anderes als den sogenannten „Milchtritt" bei Welpen, die damit die Zitze anregen. Gibt Ihr Hund Pfötchen, heißt das entweder „Spiel mit mir!", „Ich habe Hunger" oder „Streichle mich".

Daher ist es denkbar einfach, den Hund dazu zu bringen, auf Kommando Pfötchen zu geben. Ganz prima kommt dieser Trick bei Ihren Zuschauern an, wenn Sie sich einen netten Schlüsselsatz dazu ausdenken. Sagen Sie „Wie sagt der Hund hallo?" oder „Sag Hallo!" oder „Sag Bitte-Bitte!" oder was Ihnen dazu einfällt. Sitzt Ihr Hund nun vor Ihnen, wiederholen Sie diesen Schlüsselsatz solange und klopfen Bello dabei sanft ans Bein, bis er von sich aus die Pfote hebt. Danach folgt heftiges Loben und eventuell können Sie auch ein Leckerli geben.

Das „Sag-Hallo-Spiel" lernen die meisten Hunde sehr schnell.

14. Das Gassi-Ritual

Sie brauchen dazu:
Zeit, um Gassi zu gehen
Fördert:
Gehorsam, geistige Beweglichkeit, Kombinationsvermögen

Diese Spielidee wurde eigentlich von einem unserer Hunde entwickelt: Eines Tages beschloß Alf kurzerhand, den Gassizeitpunkt selbst zu bestimmen, indem er die Leine vom Regal zerrte und mir vor die Füße warf. „Los, Frauchen! Jetzt komm endlich!" hieß die dringende Botschaft seiner rehbraunen Augen. Nun, wer kann so einer Aufforderung schon widerstehen ...

Vor unserer nächsten Gassirunde schickte ich Alf per Handzeichen und mit der Aufforderung „Bring Leine" in Richtung Garderobe. Ein fragender Blick seinerseits, der Zusatz „Jetzt geht's Gassi, bring Leine!" meinerseits – und schon hatte er kapiert, was ich von ihm wollte. Schnell wurde daraus ein tägliches Ritual, dem Alf genauso begeistert entgegenfieberte wie dem Spaziergang selbst. Hunde lieben nun einmal tägliche Rituale; sie geben ihnen Sicherheit, sind fixe Punkte in ihrem Tagesablauf und etwas, worauf sie sich freuen können. Und das ist für unsere Vierbeiner so wichtig wie für uns.

15. Das King-Kong-Spiel

Sie brauchen dazu:
einen Würfel aus Hartgummi, mit abgerundeten Ecken, im Fachhandel unter dem Namen „Kong-Ball" erhältlich
Fördert:
Beweglichkeit, Schnelligkeit, Reaktionsvermögen

Achtung! Lampen, Porzellanfiguren und Spiegelkonsolen in Sicherheit bringen, denn jetzt kommt King-Kong! Unter diesem Namen zog der bis dato unverwüstliche Hüpfball in unsere Spielzeugkiste ein. Wann immer unsere Hunde damit spielen dürfen, ist die Freude groß, denn: Wo King-Kong hinhüpft, nachdem er auf dem Boden aufgekommen ist, kann nicht vorhergesehen werden. Das macht den Ball zu einem wunderbaren Spiel, wenn der Hund sich einmal alleine beschäfti-

gen soll: er kann ihn aufnehmen, fallenlassen, ihm nachspringen, schnappen, wieder fallenlassen ...

Tip: So ein Hartgummiteil mit abgerundeten Ecken ist nicht ganz billig, aufgrund seiner langen Lebensdauer und seinem hohen Unterhaltungswert aber dennoch eine empfehlenswerte Anschaffung. Vielleicht können Sie sich von einem befreundeten Hundehalter erst einmal einen Kong ausleihen, um zu testen, ob Ihr Hund Freude daran hätte. Denn nicht jeder Vierbeiner mag den harten Gummiball zwischen den Zähnen, von dem man schon mal am Kopf getroffen werden kann ...

16. Das Zeitungsträger-Spiel

Sie brauchen dazu:
eine Tageszeitung im Briefkasten
Fördert:
Gehorsam, den Willen zum Apportieren, Selbstbewußtsein

Frühmorgens aufstehen, einmal strecken, Kaffeema-

Dieses Morgen-Ritual macht Spaß.

schine anwerfen ... und die Tageszeitung holen. Ein Ritual, welches Sie durchaus mit Ihrem Hund teilen können. Der Gang zum Briefkasten kann schon mit der ersten Gassirunde verbunden werden und kostet somit keinerlei extra Zeit, die man frühmorgens sowieso nie hat. Betrachten Sie einmal den Glanz in den Augen Ihres Hundes, wenn Sie ihm erlauben, die zusammengefaltete Zeitung tragen zu dürfen. Damit Bello die Zeitung nicht einfach irgendwo zwischen Treppenhaus und Wohnzimmer fallenläßt, ermuntern Sie ihn während des Apportierens immer wieder mit „So ist's fein, bring Zeitung!", bis Sie vor Ihrer Wohnungstür angelangt sind. Mit sanfter Hand fahren Sie nun schnell unter den Fang Ihres Hundes und nehmen ihm die Zeitung aus dem Maul, bevor sie auf dem Boden landet. Passiert das doch einmal, lassen Sie Bello absitzen, falten die Zeitung erneut und schieben sie ihm wieder in den Fang. Hält er sie fest, bis Sie sie ihm abnehmen, folgt natürlich heftiges Loben!

Tip: So einfach das Ganze aussieht – ganz ohne ist diese Übung nicht: Generationen von Hundehaltern scheitern auf den Hundesportplätzen an der Apportierübung, weil die Hunde einen bestimmten Gegenstand entweder nicht gern aufnehmen oder ihn frühzeitig wieder fallenlassen. Hier gilt es konsequent, aber mit viel Geduld und positiver Motivation zu arbeiten. Lassen Sie sich von niemandem zu so rauhen Methoden wie Zwangsapport überreden! Wir gehen anders mit unserem Partner Hund um!

17. Das Recycling-Spiel

Sie brauchen dazu:
alte Kartons, leere Klopapier- oder Haushaltsrollen
Fördert:
macht einfach Spaß und ist unterhaltsam

Hausfrauen, bitte weggeschaut! Was jetzt kommt, sieht nämlich schlimmer aus als es in Wirklichkeit ist, und macht doppelt soviel Spaß wie Sie glauben! In Eigeninitiative von Retrieverhündin

Die Erfinderin des Recycling-Spiels ist hier voll in Aktion und in ihrem Element.

Sandy, die Frauchen tagtäglich in einen Schreibwarengroßhandel begleitet, entwickelt, wurde diese Spielidee schnell zu einem Dauerrenner unter unseren Hunden: Was gibt es schöneres, als dem kleinen Quentchen Zerstörungswut, das tief in einem schlummert, einmal so richtig seinen Lauf zu lassen? Das gute daran: Mannsgroße Kartonagen können danach wunderbar in die entsprechende Tonne recycelt werden, ist doch kein Fitzelchen größer als 5 x 5 cm ... Trösten Sie sich: Ihr Hund ist beschäftigt, und Ihr Staubsauger auch.

Achtung: *Manche Kartons werden durch Metallklammern zusammengehalten – diese scheiden wegen der hohen Verletzungsgefahr natürlich beim Recycling-Spiel aus!*

18. Das Zirkus-Spiel

Sie brauchen dazu:
einige Leckerlis
Fördert:
Beweglichkeit, Selbstbewußtsein, ein Gefühl für den eigenen Körper

Mit etwas Geschick kann fast jeder Hund balancieren.

Wir alle haben sie im Zirkus schon bewundert: Pferde und Löwen, Tiger und sogar Elefanten, die, auf ihre Hinterfüße gestellt, ein Tänzchen vorführen. Falls Sie und Bello Spaß an solchen kleinen Kunststückchen haben, können Sie Bello das sehr einfach beibringen. Lassen Sie ihn dazu absitzen, zeigen Sie ihm ein in die Höhe gehaltenes Leckerli und animieren Sie ihn mit einer Aufwärtshandbewegung dazu, die Vorderbeine zu heben. Sitzt er erst einmal selbständig auf seinem Hinterteilchen, loben Sie ihn kräftig und geben das Leckerli. Wer einen Schritt weitergehen will und wessen Hund sich geschickt anstellt, versucht nun, ihn zu einer sanften Drehung zu bewegen. Vor allem kleine Hunderassen haben diesen Trick in kürzester Zeit recht gut drauf.

 Tip: Auf Familienfeiern gibt es immer den einen oder anderen Verwandten, der panische Angst vor Hunden hat, und der sich auch von Ihnen nicht überzeugen läßt, daß Ihre Anja furchtbar lieb ist. Beherrscht Anja das eine oder andere Kunststückchen, überzeugt das ängstliche Menschen wesentlich besser von ihrem „guten" Wesen, als tausend Ihrer Worte dies vermögen.

19. Knack die Nuß

Sie brauchen dazu:
eine Handvoll Erdnüsse (ungeschält!), einen guten Staubsauger
Fördert:
macht einfach Spaß und ist unterhaltsam

Bei Ihnen zuhause bricht langsam, aber unaufhörlich der Weihnachtsstreß aus? Geschenke müssen gekauft, Festessen gekocht und Bäume geschmückt werden? Dann muß Waldo sich ausnahmsweise einmal selbst beschäftigen! Sehr gut geht das mit unserem Erdnüßchen-Spiel, das zudem mit wenigen Sätzen erklärt ist: Lassen Sie Waldo auf seiner Decke abliegen und geben Sie ihm eine Handvoll Erdnüsse. Zuerst wird er diese abschnüffeln, vielleicht auch einmal eine vorsichtig ins Maul nehmen. Richten Sie dann seine Konzentration auf sich und ihre Hände und knacken Sie mit viel Brimborium einige Nüsse. Werfen Sie die Schalen demonstrativ weg, vielleicht von einem „Pfui!" begleitet, und geben Sie Waldo das Nüßchen zum Futtern. Schnell hat er den Dreh' heraus, wie er die Nüsse knacken kann.

Fazit: Ihr Hund ist beschäftigt und den Rest erledigt Ihr Staubsauger.

 *Tip: Einige Erdnüsse sind ein gesunder Snack für Hunde: Sie enthalten überdurchschnittlich viele ungesättigte Fettsäuren, die für ein schönes Haarkleid sorgen. Was der Hund davon nicht verdaut, wird einfach ausgeschieden.*

Nüsse knacken ist gesund und vertreibt die Langeweile.

20. Das Zimmer-service-Spiel

Sie brauchen dazu:
eventuell einige Leckerlis
Fördert:
geistige Regsamkeit, Kombinationsvermögen, Selbstbewußtsein, Gehorsam

Sie kennen Sie alle: die treuen Vierbeiner, die behinderten und kranken Menschen das Leben dadurch erleichtern, indem sie Türen und Schubladen öffnen oder hinuntergefallene Dinge apportieren. Wer Spaß daran hat, kann versuchen, seinen Hund selbst in dieser Richtung auszubilden. Einfach beizubringen ist zum Beispiel das Öffnen einer Schublade, wenn Sie etwas Wohlriechendes hineinlegen und Ihren Hund dann animieren, daranzukommen. Durch Versuch und Irrtum finden die meisten Hunde sehr schnell die beste Möglichkeit heraus, die Schublade zu öffnen. Ähnliches gilt auch für das Öffnen von Türen.

Aber Achtung! Solche Fähigkeiten eines Hundes machen nicht immer glücklich ... Müssen Sie Ihren Hund öfter alleine lassen, kann es vorkommen, daß er sich die Zeit damit vertreibt, Ihr Süssigkeitendepot auszuräumen, denn: „Gelernt ist halt gelernt!"

21. Das Käsewürfel-Spiel

Sie brauchen dazu:
einige Käsewürfel
Fördert:
Geschicklichkeit, Gehorsam, Geduld

Beherrscht Ihr Hund erst einmal diesen Trick, können Sie beide mächtig viel Eindruck damit schinden! Doch seien Sie gewarnt: So einfach es auch ausschaut, leicht ist dieser Trick bei weitem nicht. Vieles kann schiefgehen, im Idealfall läuft's jedoch so: Sie lassen Ihren Hund vor sich absitzen, legen einen Käsewürfel auf seine Nase, und fordern ihn mit einer nach oben weisenden Handbewegung und dem Schlüsselwort „Nimm!" dazu auf, nach dem Leckerli zu schnappen. Fällt es dabei auf den Boden, nehmen Sie es wieder an sich und beginnen von vorn. Große Tricks und Tips für ein gutes Gelingen gibt es dabei kaum, das Schlüsselwort heißt hier „Geduld". Wenn

Wer es einmal gelernt hat, bekommt – leider – jede Schublade auf.

Nur Übung macht den Meister: einfach ist das Käsewürfel-Spiel nicht.

Sie Glück haben, folgen den ersten konsternierten Blicken Ihres Hundes zaghafte Schnappversuche, vielleicht wirbelt der Käsewürfel dann bald durch die Luft und wird gekonnt aufgefangen.

22. Das Wie-spricht-der-Hund-Spiel

Sie brauchen dazu:
einige Leckerlis
Fördert:
Gehorsam

Wer sich im Hundesport ein wenig auskennt, erkennt hierin sofort das Kommando „Gib Laut!" wieder. Wir können uns dieses Können sehr gut für eine nette Spielidee zunutze machen: Lassen Sie Ihren Hund vor sich absitzen, binden Sie ihn eventuell mit der Leine an. Zeigen Sie ihm dann ein Leckerli und lassen Sie ihn danach schnappen. Achtung! Er soll es zunächst nicht zu fassen bekommen, was Bello bald frustriert oder wütend machen wird. Er wird mit der Pfote danach schlagen, in die Höhe springen und vielleicht ein ärgerliches „Wuff" über die Lefzen bringen. Ermuntern Sie ihn dazu mit dem Schlüsselsatz „Wie spricht der Hund?", den Sie geduldig und mit viel Begeisterung in der Stimme wiederholen. Sobald sein erstes hörbares Bellen ertönt, bekommt er das Leckerli. Haben Sie diese Übung oft genug wiederholt, kann Ihr Hund auf Ihr Kommando Laut geben – das Leckerli ist dann hinfällig geworden.

 Tip: *Es gibt Hunde, die diesen Trick innerhalb weniger Minuten lernen, andere brauchen kleine Ewigkeiten dazu – manche (dazu gehört unser Alf) lernen es gar nicht. Ihr Hund*

Statt „Gib laut!" heißt es hier: „Wie spricht der Hund?"

und seine Veranlagung gibt hier das Maß vor, nach dem Sie sich richten sollten.

23. Das Wundertüten-Spiel

Sie brauchen dazu:
Papiertüten (Supermarkt), Spielzeug, Leckerlis oder Kaustangen
Fördert:
Geschicklichkeit beim Aufmachen, ist unterhaltsam

Jeden Morgen das gleiche Lied: Sie bereiten sich für den Aufbruch vor und werden dabei von herzzerreißend Mitleid heischenden Hundeaugen verfolgt. Mit unserer Wundertüte können Sie Ihrem Hund den Abschied von Ihnen versüßen.

In unserer Bekanntschaft gibt es mittlerweile einige Hundehalter, die aus der Wundertüte ein tägliches Ritual gemacht haben: Packen Sie dazu einfach einige Leckerlis, ein Spielzeug, einen Hundekeks oder eine Kaustange in eine Papiertüte, die Sie oben zuknoten.

Wie bei einer „richtigen" Wundertüte sollte auch hier immer etwas anderes drinnen sein – erst dann wird's richtig spannend!

Das erste Mal sollten Sie Bello die Wundertüte in Ihrem Beisein geben und ihn ermuntern, sie zu öffnen. Zuerst wird er Sie fragend anschauen, denn schließlich ist es sonst nicht erlaubt, mit Zähnen und Pfoten draufloszupacken. Klopfen Sie auf die Tüte, sagen Sie ihm, daß sich was Gutes darin befindet und loben Sie ihn heftig, wenn er sich schließlich ans Öffnen wagt.

Wissen Sie Ihren Hund mit der Wundertüte beschäftigt, fällt sicherlich auch Ihnen der morgendliche Abschied ein wenig leichter.

24. Das Hatschi!-Spiel

Sie brauchen dazu:
ein großes Stofftaschentuch, einige Leckerlis
Fördert:
geistige Regsamkeit, Kombinationsvermögen, Gehorsam, Selbstbewußtsein

Hier kann Ihr Hund einen Trick erlernen, der seine Umwelt völlig verblüffen wird: Denn kaum niesen Sie laut und herzhaft, ist Bello zur

Stelle und zieht Ihnen hilfsbereit ein Taschentuch aus der Hosen- oder Jackentasche! Nun, wie ist so etwas zu erlernen?

Bei diesem Trick geht es darum, daß Bello das Hatschi mit dem Herausziehen des Taschentuches zu verknüpfen lernt. Das geschieht in drei Schritten:

● Legen Sie ein Leckerli in ein Taschentuch und packen Sie dieses locker in Ihre Jackentasche. Animieren Sie Ihren Hund dann mit Worten und Gesten, ans Leckerli zu gelangen.

Dazu ist es notwendig, daß er das Tuch aus der Tasche zieht. Hat er das getan, fällt ihm das Leckerli automatisch entgegen. Diese Abfolge üben Sie einige Male, bis Ihr Vierbeiner ohne zu Zögern nach dem Taschentuch greift.

● Hat Ihr Hund gelernt, daß aus dem Taschentuch ein Leckerli fällt, sagen Sie laut und deutlich „Hatschi!", während er nach dem Taschentuch greift.

Viele Wiederholungen können notwendig sein, bis Ihr Hund das „Hatschi!" mit dem Taschentuchholen verknüpft – hier ist Geduld und Übung angesagt.

● Beim letzten Übungsschritt wird das oben gelernte auch ohne Leckerli wiederholt. Ganz wichtig ist nun, daß Sie Ihren Hund immer wieder per Stimme positiv motivieren und heftig loben.

Tip: *Solche Tricks wirken bei Kindern, die anfänglich etwas Angst vor Hunden haben, wahre Wunder!*

Beim kleinsten Nieser seines Freundes hält der Vierbeiner schon das Taschentuch parat.

Auch in früheren Zeiten lehrte man seinen Hunden kleine Kunststückchen wie Wurststückchenfangen.

25. Das Fang-das-Leckerli-Spiel

Sie brauchen dazu:
einige mundgerechte Leckerlis

Fördert:
Geschicklichkeit

„Ach, wie öde!" werden viele Waus dazu wohl sagen, denn viel steckt wirklich nicht in dieser Spielidee. Älteren Hunden, die nicht mehr ganz so beweglich und behende sind, macht es jedoch riesig viel Freude, im Sitzen ein geschickt geworfenes Leckerli mit dem Maul aufzufangen.

Und schließlich sollen unsere älteren Hundesemester auch noch Freude am Spielen haben!

26. Das Hundskaputt!-Spiel

Sie brauchen dazu:
etwas Geduld

Fördert:
Gehorsam

Den Vorführeffekt dieses Spiels kennen Sie vielleicht von Kleinkindern. Kaum erwähnt die Mama, daß der Kleine ganz fürchterlichen Husten hat, beginnt dieser auf Kommando zu husten, weil er weiß: So ist mir Beachtung, Mitleid und vielleicht auch ein süßes Hustenbonbon gewiß. Von Hunden wird ähnliches berichtet, auch sie können auf der „Mitleidsschiene" reiten: Obwohl nach einer Pfotenverletzung längst wieder genesen, wird heftig gehinkt – in der Hoffnung, wieder von Frauchen hinuntergetragen zu werden!

Doch kommen wir nun zu unserem eigentlichen Spiel: Einmal gelernt, sieht es folgendermaßen aus: Auf Ihren Ausruf: „Oh, da ist aber einer hundskaputt!" wirft sich Ihre Jenny oder Ihr Charly urplötzlich auf den Boden. Die Lernmethode ist ähnlich der von Spielidee Nummer 24: Passen Sie einige Male genau den Zeitpunkt ab, wenn Ihr Hund müde vom Gassigehen heimkommt und sich hinlegen möchte. Just in dem Moment sagen Sie Ihren Schlüs-

selsatz. Nach einigen Wiederholungen gehen Sie dazu über, den Hund entweder sanft auf den Boden zu drücken, oder per Handzeichen zum Liegen zu animieren, während Sie den Schlüsselsatz sagen − so findet die Verknüpfung statt. Übung macht auch hier den Meister.

Tip: Statt zehnmal hintereinander, ist es besser, so ein Spiel jeden Tag zwei-, dreimal zu üben, und zwar dann, wenn der

Hund aus seiner augenblicklichen Stimmung heraus (hier: wenn er müde ist) dazu bereit ist.

27. Das Flaschen- spiel

Sie brauchen dazu:
eine unzerbrechliche, unzerkaubare Kunststoff-Flasche (kein Email!) oder ein spezielles Spielzeug aus dem Fachhandel, Leckerlis, die durch die Flaschenöffnung passen
Fördert:
Geschicklichkeit, Ausdauer, ist unterhaltsam

Geduld, Geschicklichkeit und etwas Gefräßigkeit − das sind die drei Schlagworte, mit denen das Flaschenspiel schnell umschrieben ist: Füllen Sie einige Leckerlis in die Flasche und geben Sie diese Ihrem Hund.
Durch Drehen und Wenden fällt immer wieder ein Kekskrümel oder Leckerli hinaus, so daß Ihr Hund über längere Zeit wunderbar beschäftigt ist.

Tip: Wir haben diese Idee das Flaschenspiel genannt, weil man spezielle Spielzeuge für

Da ist aber einer wirklich hundskaputt.

Solche Spielzeuge kann man kaufen und mit Leckerbissen präparieren.

28. Das Gesellschafter-Spiel

Sie brauchen dazu:
einen gutmütigen, menschen- bzw. kinderfreundlichen Hund, den Wunsch nach mehr sozialem Engagement

Diesen Tip lediglich als eine Spielidee zu bezeichnen, wird der großen Aufgabe, die dahinter steckt, eigentlich nicht gerecht. Trotzdem möchten wir die Anregung,

diesen Zweck erst seit kurzem im Zubehörhandel kaufen kann. Als wir das Spiel für unsere Hunde „erfanden", griffen wir auf eine Kunststoff-Flasche aus dem Haushaltswarenbedarf zurück. Bekannte von uns haben ihre ganz eigene Methode: In ein Apportierholz, wie es überall im Hundesportbedarf oder im Zoofachhandel zu haben ist, bohrten Sie mit einem großen Bohrer Löcher, in welche sie Käse, Trockenfutterbrocken oder Wurststücke stopfen. Auch damit ist ein Hund lange Zeit wunderbar beschäftigt! Sie sehen: Not macht auch Hundebesitzer erfinderisch!

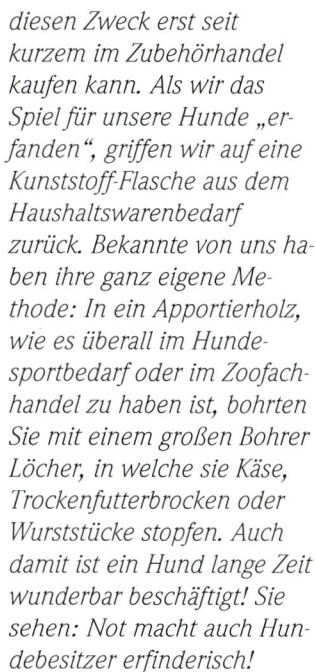

Mit wesensfesten Hunden kann man auch eine Schulklasse besuchen.

seine Freizeit mit dem Hund auf diese Art zu verbringen, in diesem Kontext geben. Denn gibt es etwas Sinnvolleres, etwas Schöneres für Mensch und Hund, als anderen Freude zu bereiten? In den Vereinigten Staaten ist der hohe Nutzen von Hunden, eingesetzt in der Therapie kranker oder alter Menschen, längst erkannt und verfeinert worden. Bei uns stecken diese Berufe für Hunde noch in den Kinderschuhen.

Das soll Sie nicht davon abhalten, Eigeninitiative zu ergreifen: Halten Sie Ihren Hund für besonders kinderlieb, schlagen Sie der zuständigen Stelle einen Besuch im örtlichen Kindergarten vor. Dabei können die Kinder unter Ihrer Aufsicht und Anleitung Kontakt schließen zu Ihrem Hund, während Sie den Kindern erzählen, was im Umgang mit ihm so alles wichtig ist. Oder Sie besuchen gemeinsam die Bewohner eines Altenheims. Stellen Sie fest, daß alle Beteiligten daran Spaß haben, kann daraus – zur Freude aller – ein wöchentliches Ritual werden.

Ein geduldiges Fotomodell

29. Das Fotomodell-Spiel

Sie brauchen dazu:
einen Fotoapparat, eventuell zusätzliche Lampen, Leckerlis, Accessoires und Deko-Material nach Belieben

Fördert:
Geduld, Gehorsam

Sie möchten wissen, was so unterhaltsam daran sein soll, einen Hund zu fotografieren? Das soll Ihnen am besten Ihr Hund erklären, denn: Viele Hunde lieben es geradezu, Modell zu stehen! Mit Hingabe posieren sie geduldig im Sitzen wie im Stehen, vor dem Weihnachtsbaum und auf dem Sofa, mit Glitzerhalsband und Baseball-Mütze. Was Sie davon haben? So entstehen originelle Grußkarten, Puzzles, Poster und andere schöne Dinge, auf denen Sie das Konterfei Ihres Hundes verewigen lassen können. Darauf sollten Sie beim Fotografieren achten:
● Gehen Sie unbedingt in Augenhöhe Ihres Hundes.
● Setzen Sie helle Hunde vor einen dunklen Hintergrund und umgekehrt.
● Vermeiden Sie zu unruhige Kulissen im Hintergrund; die Blümchentapete mag zwar romantisch wirken, auf einem Foto kann sie einfach nur bunt aussehen.
● Räumen Sie auch im Randbereich Ihrer Aufnahmen alles weg, was im Bild stören könnte.
● Vermeiden Sie abgeschnittene Ohren und Schwanzspitzen.

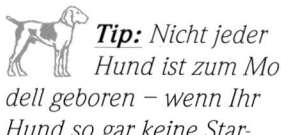 **Tip:** *Nicht jeder Hund ist zum Modell geboren – wenn Ihr Hund so gar keine Star-*

allüren an den Tag legt, bitte nicht zwingen! Fehlt es allerdings lediglich an ein wenig Geduld seitens Ihres Vierbeiners, können Sie mit gutem Zureden und kleinen Leckerlis einiges erreichen. Und noch etwas: So lustig Hunde im T-Shirt oder Mäntelchen auch sein mögen: Sich auf Kosten des Tieres lustig zu machen, genießt sicherlich kein Hund.

Gegen fröhliche Fotos mit einem frechen Halstuch oder einer Weihnachtsbommelmütze hat dagegen keiner etwas einzuwenden.

30. Die Spielzeug-Tauschbörse

Sie brauchen dazu:
tausch- bzw. leihwillige andere Hundebesitzer mit vollen Spielzeugkisten
Fördert:
Abwechslung

Den roten Ball hat Ihr Hund schon lange satt und das Gummitier rührt er auch nicht mehr an? Ziehspiele findet er zum Gähnen und den Beißring ebenso? Dann wird es höchste Zeit, mit einem befreundeten Hundebesitzer den Inhalt von Waldos Spielzeugkiste zeitweise zu tauschen: Langeweile hat so keine Chance!

Spiel- und Freizeitideen für draußen

Ihre Anka ist ein quirliges Aktivbündel, Ihr Berry ein kraftstrotzender Naturbursche, für den Bewegung an erster Stelle der Beliebtheitsskala steht? Das Wetter ist so strahlend, daß es Sie keine Minute länger in der Wohnung hält? Oder gehören Sie zu denjenigen, für die es gar kein schlechtes Wetter, sondern nur unpassende Kleidung gibt? Wir wünschen Ihnen jedenfalls viel Freude an unseren Spiel- und Freizeitideen für draußen:

Beim Spielen draußen beachten

● Ob Frisbee oder Weitwurf: Umgehen Sie frisch eingesäte Felder und andere Anpflanzungen.
● Ob Versteckspielen oder Fährtensuchen: Gehen Sie nur in abgemähte, bzw. knöchelhohe Wiesen und lassen Sie Ihren Hund auch während Ihrer Spaziergänge nicht in kurz vor der Mahd stehende Wiesen – das verschafft Ihnen unter den umliegenden Bauern nämlich keine Freunde.
● Achtung im April, Mai und Juni: Jetzt ist die Zeit der Pflanzenschutz- und Düngemittel! Überall auf den Fel-

dern können Sie schon mit bloßem Auge kleine blaue oder weiße Körnchen entdecken. Achten Sie jetzt besonders darauf, wo Ihr Hund buddelt bzw. ein paar Grasbüschel frißt, denn die Pflanzengifte werden über die Ackergrenzen hinweg in die Wiesen getragen.
● Ob im Wald, am See oder in Wiesenlandschaft: Achten Sie besonders im Frühjahr darauf, brütende Vögel und andere Tierarten, die jetzt Junge haben, nicht zu stören. Wenn Sie sich nicht ganz sicher sind, nehmen Sie Ihren Hund besser an die Leine.
● Kommen Ihnen Fahrradfahrer, Spaziergänger oder Personen mit Kinderwagen entgegen, rufen Sie Ihren Hund zu sich und lassen ihn bei Fuß gehen. Ihre Beteuerung „Der macht nichts!" mag zwar stimmen, beruhigt aber nicht jeden Zeitgenossen.

31. Der Abenteuer-Spaziergang

Sie brauchen dazu:
feste Schuhe, bequeme Kleidung, eventuell einige Leckerlis
Fördert:
Kondition (auch die eigene!),

Hunde lieben es, wenn aus dem Gassigehen ein abwechslungsreicher Abenteuerspaziergang wird.

Ob obendrüber oder untendurch – Hauptsache es ist aufregend und macht Spaß.

Mut (durch das Überwinden von natürlichen Hindernissen), Führigkeit, die Nähe zu Ihnen

Natürlich können Sie mit Ihrem Hund gemächlich eine Runde drehen. Sie können aber auch ... ein kleines Abenteuer daraus machen! Statt auf den befestigten Wegen zu bleiben, ist dabei ein Querfeldeinmarsch angesagt. Statt übers Brücklein zu gehen, der Sprung über den Bach, statt gemächlichem Umweglaufen wird unterm gefallenen Baumstamm hindurchgekrabbelt. Äpfel werden apportiert, Mauselöcher mit Stock, Nase und Pfoten eingehend inspiziert, dazwischen eine kleine Runde gejoggt oder versteckengespielt, auch der Ball in der Tasche darf nicht fehlen. Inspirieren Sie sich gegenseitig zu immer neuen Taten! Kurzum: Action ist angesagt. Logisch, daß die Gassizeit bei soviel Action gleich doppelt zählt!

32. Der Weitwurf-Apport

Sie brauchen dazu:
entweder einen Weitwurfprofi plus Ball oder ein spezi-

elles Wurfgerät, wie es für die Ausbildung von Jagdhunden angeboten wird (Marke Eigenbau geht auch); ebenfalls prima: ein Ball an einer Schnur, mit der man ihn weit schleudern kann
Fördert:
Abwechslung, Herz-Kreislauftraining, Apportierfreude

Ihr Hund apportiert leidenschaftlich gern und ausdauernd? Sie ärgern sich jedoch immer wieder über die kümmerliche Wurfweite Ihres rechten Armes? Oder macht sich nach fünfmal Werfen Ihr Tennisarm bemerkbar? Mit einem „Weitwurfapportiergerät" – ob gekauft oder Marke Eigenbau – sind Sie ein für alle Mal bestens ausgerüstet. Im Grunde genommen reicht eine übergroße „Zwille", wie sie wahrscheinlich jeder noch aus der Kindheit kennt, um einen kleinen Ball kraftvoll nach vorne zu katapultieren. Muß ein Spaziergang aus Zeitgründen einmal kürzer ausfallen, können Sie so Ihrem Hund immer noch genügend Auslauf verschaffen, außerdem sorgen die Sprints für Abwechslung.

33. Der Stadtspaziergang

Sie brauchen dazu:
ein kleines Körbchen, einen Regenschirm o. ä.
Fördert:
soziale Verträglichkeit des Hundes in allen Lebenslagen

Hunde lieben es, Ihre Familie überall hin begleiten zu dürfen. Trotzdem kann so ein Marsch durch die Fußgängerzone für unseren Vierbeiner sehr schnell langweilig werden: während Sie mit Einkäufen beschäftigt sind, sich an den Schaufensterauslagen erfreuen, darf er weder schnuppern, buddeln, ja, nicht einmal eine Duftnote für seine städtischen Kollegen darf er hinterlassen!
Wer das Gefühl hat, sein Hund langweile sich in der Stadt, kann durch kleine Aufgaben für Abhilfe sorgen: lassen Sie Ihren Hund ein Körbchen, Ihren Schirm oder eine Baumwolltasche tragen. Lehren Sie ihn, für kurze Zeit vor einem Geschäft auf Sie zu warten, dabei abzuliegen. Achtung! Machen Sie dies nur da, wo Sie Ihren Hund von innen im Auge haben – schon zu viele Hunde wur-

Kleine Übungen machen den Stadtgang für den Hund interessant.

den bei solchen Gelegenheiten geklaut! Belohnen Sie Bello für sein braves Warten mit einer Wurstscheibe, einem Stück Brötchen oder einer Eiswaffel. So schaffen Sie auch in der Fußgängerzone Rituale, die für Abwechslung sorgen. Wenn Sie Ihren Hund bei Spaziergängen auf diese Art beschäftigen, langweilt er sich nicht und seine Aufmerksamkeit wird auf Sie gelenkt. So haben Sie ihn sozusagen „unter Kontrolle" und er ist ein angenehmer Begleiter, der überall gern gesehen wird.

34. Gemeinsam Fahrradfahren

Mit größeren Hunderassen
Sie brauchen dazu:
Roll-Leine, dehnbare „Fahrradleine", (die normale Gassi-Leine tut's zur Not auch)
Fördert:
Ausdauer, Disziplin, Führigkeit

Wer mit seinem Hund Fahrradfahren möchte, sollte gemächlich beginnen. Diese Punkte sind dabei besonders wichtig:

● Laut Straßenverkehrsordnung muß der Hund rechts vom Fahrrad laufen, d.h., Sie müssen durch ein spezielles Schlüsselwort („Lauf Rad!" oder „Lauf rechts!") Ihrem Hund klarmachen, daß ausnahmsweise Linkslaufen nicht gilt. Die meisten Hunde kapieren diesen Unterschied schneller als man anfangs glauben mag, was wohl daran liegt, daß die Fahrradbegleitung den meisten unheimlich viel Freude macht. Und Freude steigert bekannterweise die Lernbereitschaft.

● Der Hund muß schrittweise an längere Distanzen herangeführt werden. Sehr gut wäre ein einfacher Kilometerzähler am Rad, damit Sie den Überblick über Ihre Steigerungen behalten. Beginnen Sie mit einer Strecke von zwei, drei Kilometern, steigern Sie sich von Mal zu Mal kontinuierlich.

● Achten Sie darauf, daß Ihr Hund locker neben Ihnen hertrabt, eine Geschwindigkeit von ca. 14 km/h sollte nicht überschritten werden; keinesfalls sollte der Hund im Galopp neben Ihnen herjagen.

● Wechseln Sie zwischen befestigten Böden und weichen Gras- oder Erdwegen ab – das ist „pfotenschonender" als reine Straßenfahrten.

● Fahren Sie auf der Straße, vermeiden Sie, daß Ihr Hund auf dem Grünstreifen neben Ihnen laufen muß: Aus dem Fenster geworfener Müll vorbeifahrender Autos kann zu Pfotenverletzungen führen.

● Auch wenn Sie inzwischen vom Fahrradfieber befallen sind: Fahren Sie nicht täglich mit Ihrem Hund, sonst wird das Ganze bald zur bloßen Pflichtübung für ihn.

● Gesunde Hunde, die gut im Training stehen, können Distanzen von 20 km gut überwinden, kleine Pausen halten den Hund dabei frisch. Möchten Sie längere Touren machen, gibt es die Möglichkeit, auch größere Hunde streckenweise in einem speziellen Fahrrad-Anhänger zu transportieren.

Achtung! Um einen Hund sicher vom Fahrrad aus an der Leine zu führen, bedarf

es eines hohen Grads an Disziplin und Gehorsam seitens des Hundes: Ein Ruck an der Leine, weil's am Straßenpfosten so gut riecht oder weil auf der anderen Straßenseite eine Katze läuft – und schon können Sie stürzen! Es muß nicht unbedingt ein großer und schwerer Hund sein, der einen vom Sattel zieht oder vors Rad läuft. Um Unfälle und Stürze zu vermeiden, bestehen Sie von Anfang an auf diszipliniertem Laufen, zumindest solange, wie Sie Ihren Hund an der Leine führen. Haben Sie die Möglichkeit, ihn auf ruhigen Feldwegen abzuleinen, können die Benimmregeln da ein wenig gelockert werden.

Mit kleineren Hunden
Sie brauchen dazu:
ein Fahrradkörbchen, in dem Ihr Hund bequem Platz und sicheren Halt hat
Fördert:
Disziplin

Auch gemächliches Fahrradtempo ist für kleine Hunderassen meist noch zu schnell; die einzige Möglichkeit, Ihren Zwerg mitzunehmen, ist der Transport im Fahrradkörbchen. Auch das will gelernt sein: Wie sein großer Kollege neben dem Rad, muß auch Klein-Waldo

Am Fahrrad läuft der Vierbeiner rechts – das ist praktisch und sicher.

lernen, daß während der Fahrt Disziplin angesagt ist. Aufgeregtes Kläffen oder gar ein Sprung in Richtung Todfeind oder Lieblingsfreundin ist nicht angesagt, auch hier gilt für Sie: von Anfang an für Gehorsam sorgen. Ein Geschirr und eine feste Verankerung im Körbchen sorgen außerdem für ein sicheres Verweilen von Klein-Waldo während der Fahrt. Damit nicht nur Sie sich sportlich betätigen, sollten Sie unbedingt Pausen einlegen und diese zum ausgiebigen Gassigehen nutzen.

35. Spring mir in die Arme, Kleines!

Sie brauchen dazu:
etwas Standfestigkeit, keine Angst vor blauen Flecken und einen sprungkräftigen Hund
Fördert:
gegenseitiges Vertrauen, stärkt die Bindung zwischen Hund und Mensch, macht einfach Spaß

Logisch, daß Sie diesen Trick nicht gerade mit Ihrem 50-kg-Rottweiler ausprobieren sollten – wir haben ihn allerdings auch schon von einem Riesenschnauzer und seinem

Kleine Hunde laufen nicht am Rad, sondern reisen bequem im Korb.

Herrchen ausgeführt gesehen und das hat prima geklappt. Anmerkung: Herrchen war ein ca. 1,90 m großer, kräftiger und durchtrainierter Polizeibeamter.

Kleinere bis mittlere Hunderassen, die zudem noch über etwas Sprungkraft verfügen, stellen sich recht geschickt an. Beibringen können Sie Ihrem Hund den Trick am einfachsten dann, wenn er von sich aus an Ihnen hochspringt, also beispielsweise bei Ihrer Rück-

Sie fühlen sich der Natur sehr verbunden? Sie wollen etwas für Ihre Fitness tun? Und Ihrem Hund kann etwas mehr Bewegung auch nicht schaden? Dann sollten Sie es mit gemeinsamem Jogging versuchen.

Wie beim Radfahren ist auch hier ein stufenweises Aufbautraining angesagt: Beginnen Sie mit ein, zwei Kilometern, die Sie abwechselnd joggen und im Gehen bewältigen. Achten Sie auf weiche Naturböden, wie sie z. B. auf Trimm-Dich-Pfaden angeboten werden. Versuchen Sie, ein Lauftempo zu finden, welches Ihnen und Ihrem Hund gleichermaßen liegt; es geht darum, einen Gleichschritt zu finden. Wenn das klappt, können Sie Bellos Leine an Ihrem Gürtel oder Brustgurt festmachen und haben so die Arme frei.

Ein solcher Sprung ist ein gegenseitiger Vertrauensbeweis.

kehr. Ermuntern Sie ihn zuerst dazu, auf seine Hinterbeine zu stehen und mit den Vorderpfoten auf Ihren Arm zu steigen. Durch ein „Hopp!" gelingt es Ihnen bald, Ihren Wau zum Sprung auf Ihren Arm zu bewegen – heftiges Loben folgt natürlich!

36. Dogging statt Jogging

Sie brauchen dazu:
Lust am Laufen, etwas Puste, eventuell eine flexible Leine bzw. einen Brustgurt für Sie
Fördert:
Kondition und Führigkeit des Vierbeiners

Gemeinsames Joggen hat nichts mit Gassigehen zu tun, sondern dient in erster Linie der Fitness, dem Ausdauertraining und der Freude am gemeinsamen Laufen. Lassen Sie Ihren Hund vorher seine Geschäfte verrichten und ein wenig schnuppern – beim Laufen selbst sollten Sie auf diszipliniertes links-bei-Fuß-Laufen bestehen und dieses durch Loben zwischendurch belohnen.

Tip: *Gerade bewegungsfreudige Hunderassen lieben diese Art der Bewegung sehr, auch mittelgroße Rassen eignen sich gut als Trimm-Dich-Begleiter. Läßt man es langsam anlaufen, kann Dogging auch schwereren Hunden Spaß machen: Wir kennen einen Bernhardiner, der bis ins hohe Alter sein Herrchen auf dem morgendlichen Dauerlauf begleitet hat! Es gibt allerdings auch Hunde, die Jogging gemäß dem Motto* „Sport ist Mord" *einfach hassen. Wir meinen – Ausprobieren! Und nicht beim ersten Mal gleich wieder aufgeben.*

37. Auf der richtigen Fährte sein

2

Sie brauchen dazu:

siehe Seite 33, 2. Variante, außerdem ein Zwiebel- oder Apfelsinennetz, ein Stück Schnur, ein Stück frischen Pansen oder stark riechenden Käse

Fördert:
Spursicherheit, Selbstvertrauen durch das selbständige Absuchen der Fährte

Fährtensuchen macht vielen Hunden Spaß – ob groß oder klein, jung oder alt spielt dabei keine Rolle. Auch von Ihnen als Hundehalter bedarf es keinerlei besonderer Anstrengungen, sondern kann wunderbar im Rahmen eines Spazierganges eingebaut werden. Eine Art der Fährtensuche und wie sie funktioniert, haben wir schon recht ausführlich ab Seite 33 dargestellt. Wem das zu kompliziert erscheint, für den haben wir noch eine zweite Variante in petto:

Besorgen Sie sich dazu ein Stück Pansen oder stark riechenden Käse, den Sie im leeren Zwiebelnetz verstauen. Dieses binden Sie oben mit der Schnur zu. Legen Sie damit nun eine Schleppfährte (Fährtenbeginn mit einem Fährtenstock markieren), indem Sie etwas breitbeinig laufen und dabei das Netz zwischen Ihren Füßen hinter sich herziehen. Nicht das von Ihnen niedergetretene Gras ist hierbei die Fährte, sondern der Käse. Laufen Sie damit

Geteilte Freude ist doppelte Freude: Dogging statt Jogging.

Da freut sich das Näschen! Er darf eine Schleppfährte suchen.

wenn die Bodenblutung (verletzte Grashalme, zertretene Kleinstlebewesen, die einen veränderten Individualgeruch des Bodens ergeben) zu gering ist, um Ihrem Hund die Sicherheit beim Absuchen zu geben.

38. Durch einen Reifen springen

Sie brauchen dazu:
einen alten Autoreifen oder einen Hula-Hoop-Reifen, je nach Größe des Hundes
Fördert:
gute Laune, weil's einfach Spaß macht, Koordinationsvermögen

eventuell einen Bogen oder auch nur eine Gerade und legen Sie am Ende der Fährte das Netz ab. Das Absuchen der Fährte erfolgt wie bei Variante 1 beschrieben.

Manche Fährtenhundführer stehen solchen Schleppfährten eher skeptisch und ablehnend gegenüber, weil sie der Ansicht sind, der Hund würde durch diese simple Art der Fährtensuche zu sehr verwöhnt. Wer jedoch nur hin und wieder einmal das Fährtensuchen probieren möchte, kann dies auch mit einer Schleppfährte tun.

 Tip: *Um einem Anfängerhund das Fährtensuchen zu erleichtern, sollten Sie folgende Ratschläge beherzigen: Fährten Sie bei sehr warmer Witterung in den frühen Morgen- oder Abendstunden. Fährten Sie nicht bei zu starkem Wind. Fährten Sie nicht während der Wintermonate,*

Dies ist eine wunderbare Übung, die einfach zwischendurch im Garten durchgeführt werden kann. Während Sie den Hula-Hoop-Reifen in der Hand halten, können Sie den Autoreifen auch an einem Baum aufhängen oder einen Ständer dafür basteln. Achten Sie beim Sprung lediglich darauf, daß Sie den Reifen nicht zu hoch halten und daß dahinter genügend Platz zum sicheren Aufkommen ist. Durch den Reifen springen macht fast jeder Hund mit viel Begeiste-

den Ball nicht mit dem Maul aufnehmen darf, sondern ihn durch Pfoten und Körpereinsatz nach vorne bewegen soll. Am einfachsten funktioniert das, indem Sie gleich von Anfang an einen großen Ball nehmen und bei den ersten zaghaften Beißversuchen ein lautes „Pfui!" und beim ersten (zufälligen) Körperkontakt zwischen Ball und Hund sofort ein „So ist's fein!" folgen lassen. So wird Ihr Vierbeiner bald zu einem begeisterten Ball-Athleten.

„Hulaaa Hopp" ist auch für Hunde ein lustiges Spiel.

rung und Stolz in den Augen. Na, dann: „Allez hopp!"

39. Fußball, Fußball über alles

Sie brauchen dazu:
einen Lederfußball oder einen anderen Ball, der so groß ist, daß er von Ihrem Hund nicht ins Maul genommen werden kann

Fördert:
Gehorsam, Wendigkeit, macht einfach Spaß

Fußballspielen unterscheidet sich von anderen Ballspielen dadurch, daß der Hund

Fußballspielen lernt sich am leichtesten, wenn der Ball groß ist.

Ob im Sommer am Strand oder im Winter im tiefen Schnee – Wettrennen sind immer ok!

40. Auf-die-Plätze-fertig-los!

Sie brauchen dazu:
einige willige „Mitläufer"
Fördert:
Herz-Kreislauftraining, macht einfach Spaß

Sie sind mit Kind und Kegel unterwegs, doch irgendwie scheint keine richtige Sonntag-Spaziergangslaune aufzukommen? Dann probieren Sie es doch einmal mit einem kleinen Wettrennen, indem Sie sich alle – inklusive Hund – in einer Reihe aufstellen, ein Ziel vor sich anpeilen und dann auf ein Zeichen losrennen. Sie werden staunen: So richtig aus der Puste zu kommen, macht nämlich ganz schön gute Laune!

41. „Deine Spuren im Sand…"

Sie brauchen dazu:
einen Garten, einige Schubkarren frischen Sand, eventuell eine Umrandung aus Holz
Fördert:
macht einfach nur Spaß, verschont das Rosenbeet vor unerwünschtem Buddeln

Diese Freizeitidee eignet sich besonders für diejenigen Vierbeiner, die einen Teil des Tages im eigenen Garten verbringen. Deren Tagesablauf können Sie durch eine Sandkiste, in der nach Lust und Laune gebuddelt werden darf, abwechslungsreicher gestalten.

Vergraben Sie ein Stöckchen oder einen Ball in der Sandkiste und lassen Sie Bello danach suchen – so hat er schnell begriffen, daß Graben im weichen Sand erlaubt, im Rosenbeet aber „pfui!" ist.

42. Mit dem Hund schwimmen gehen

Sie brauchen dazu:
eine Badehose

Fördert:
Herz-Kreislauftraining, Kondition, Mut und Selbstvertrauen, als Gesundheitsvorsorge und zur Abhärtung geeignet

Unserer Meinung nach gibt es fast nichts Schöneres, als gemeinsam mit dem Hund schwimmen zu gehen! Leider ist uns dieses Vergnügen dank der vielen Verbotsschilder an Seen und Stränden meistens versagt. Und so bleiben Hundehaltern eigentlich nur zwei Möglichkeiten:

● Sie machen sich die Mühe und suchen nach einer Bademöglichkeit, an der Hunde erlaubt sind.

● Sie suchen die Bademöglichkeit Ihrer Wahl in den frühen Morgen- oder Abendstunden auf – dann, wenn sich andere Badegäste nicht durch Ihren Hund gestört fühlen.

Gewöhnen Sie Ihren Hund langsam und in aller Ruhe ans Wasser. Nicht jeder Hund ist zur Wasserratte geboren,

so grobe Methoden wie ins Wasser ziehen oder gar werfen, führen nur dazu, dem Hund den Spaß am kühlen Naß gründlich zu verderben. Lassen Sie Bello anfangs erst einmal im Uferbereich herumwaten. Werfen Sie dann ein Stöckchen so ins Wasser, daß er es gerade noch so schnappen kann. Tut er das, können Sie das Stöckchen das nächste Mal schon weiter werfen. Bei den ersten Schwimmversuchen wird er sich vielleicht nicht ganz geschickt anstellen, heftig prusten und wie verrückt mit den Pfoten um sich schlagen – alles will eben gelernt sein. Erst jetzt, nachdem Ihr Hund festgestellt hat, daß Fortbewe-

gung auch im Wasser funktioniert, gehen Sie selbst baden. Überfordern Sie ihn auch jetzt noch nicht, indem Sie gleich sehr weit wegschwimmen, sonst können etwas ängstliche Zeitgenossen Panik und eventuell Verlassensängste bekommen. Wie beim Joggen oder Fahrradfahren ist auch hier ein stetig ansteigendes Training angesagt.

Das sollten Sie beim (gemeinsamen) Schwimmen beachten:

● Lassen Sie Ihren Hund nur da ins Wasser, wo er aus eigener Kraft wieder ans Ufer kommt (keine Steilufer).

● Lassen Sie Ihren Hund keinesfalls in Fließgewässer, in denen Schwimmen ausdrück-

„Frauchen, wo bleibst Du denn? Es ist gar nicht kalt!"

lich verboten ist. Eine Strömung muß nicht sichtbar sein und kann dennoch Ihren Hund mit sich reißen.

● Das Gewässer sollte sauber und frei von eingeleiteten Giften sein.

● Wenn Sie gemeinsam schwimmen, achten Sie darauf, daß Ihnen Ihr Hund nicht zu nahe kommt, sonst sind Kratzer vor allem auf dem Rücken nicht zu vermeiden.

● Bei nicht ganz heißen Temperaturen empfiehlt es sich, den Hund nach dem Baden abzufrottieren, um eine Erkältung zu vermeiden. Am besten sollte er sich bewegen dürfen, bis er ganz trocken geworden ist.

 Tip: Unser Alf, ein Labrador-Mix, nimmt selbst im Winter täglich zumindest ein Fußbad in einem nahegelegenen Bächlein, was ihm prächtig zu bekommen scheint.

43. Hunde-Planschbecken im Garten

Sie brauchen dazu:
ein Kinderplanschbecken aus Hartkunststoff (nicht aufblasbar) oder einen Teicheinsatz aus Hartkunststoff, bei kleineren Hunden reicht eventuell auch eine Plastikwanne

Fördert:
macht einfach Spaß

Wie Sie gerade erfahren haben, ist unser Alf eine leidenschaftliche Wasserratte. Deshalb waren die amüsierten Blicke der Nachbarn uns reichlich egal, als wir ihm in unserem Garten ein Hunde-Planschbecken aufstellten. An heißen Tage können wir nun Alf beobachten, wie er nach einem Planschbad eine Wälzmassage im Gras nimmt, um sich dann unter seinen Lieblingsbaum zu verziehen – und das mit wechselnder Reihenfolge.

44. Sich auf dem Fahrrad ziehenlassen

Sie brauchen dazu:
ein Fahrrad (logisch!), ein weiches, gut gepolstertes Zuggeschirr mit langen Leinen (Schlittenhundezubehör), für sich selbst einen Brust- oder Bauchgurt (Bergsteigerbedarf)

Fördert:
Führigkeit, Ausdauertraining, Kraft, Konzentration

Sie brauchen keinen Husky für diese Freizeitidee, ein etwas größerer, lauffreu-

„Platz ist in der kleinsten Wanne" meint die Retrieverhündin.

diger Hund sollte es aber schon sein – nordische Hunde sind für diese Art von Training natürlich prädestiniert.

Was ist dabei zu beachten? Was das Training und die Sicherheit im Straßenverkehr angeht, gelten im großen und ganzen die unter Freizeitidee Nummer 34 „Mit dem Hund Radfahren" angeführten Punkte. Neu hinzu kommt jetzt das Führen von langer Leine aus sowie das Ziehen einer Last – beides will erst einmal auf ruhigen Feldwegen geübt werden: Legen Sie dazu Ihrem Hund das Zuggeschirr plus Halsband an. Befestigen Sie dann am Ende der Zugleinen einen alten Autoreifen oder einen Holzklotz.

Jetzt können Sie mit der Führleine in der Hand folgende, neue Schlüsselworte trainieren: „Rechts", „Links", „Stopp!" und „Langsam". Erschrickt Ihr Hund anfangs, weil es hinter ihm scheppert, oder weil er sich durch die Last behindert fühlt, reden Sie ihm gut zu. Üben Sie nicht stundenlang, sondern beschränken Sie sich auf 10-Minuten-Einheiten – das ist wirkungsvoller.

So leicht sich das vielleicht anhören oder bei Könnern auch aussehen mag: Ein sehr wohlerzogener, disziplinierter Hund und eine ordentliche Portion Übung sind dazu notwendig. Als weniger aufwendige Alternative empfiehlt sich eventuell das Bei-Rad-Fahren mit Hund. Das sollten Sie dabei beachten:

● Lassen Sie sich nur auf gerader Ebene ziehen, bergauf oder -ab sollten Sie entsprechend einwirken.

● Achten Sie auf ein gut verarbeitetes Zuggeschirr, das weder scheuert noch zu groß oder klein ist. Lassen Sie sich das richtige Anlegen zur Sicherheit nochmals im Fachgeschäft zeigen.

● Lassen Sie Ihren Hund nicht die ganze Arbeit tun! Er erwartet von Ihnen, daß Sie auch mitstrampeln!

● Üben Sie diese Sportart nur auf ruhigen Feldwegen und niemals im Straßenverkehr aus.

45. Den Hund vor ein Wägelchen spannen

Sie brauchen dazu:
ein Brustgeschirr mit langen Führleinen, siehe Spielidee 44, ein Holzwägelchen, Plastikrohre aus dem Flaschnereibedarf, um daraus ein Geschirr zu bauen

Fördert:
Ausdauer, Kraft und Führigkeit des Hundes

Früher wurden Hunde zur Arbeit vor den Wagen gespannt.

Heute ist das Wägelchen-Ziehen eine Freizeitbeschäftigung.

ihm die Zeit dazu – dann klappt's um so besser.

Achtung: Lassen Sie nie Kinder unbeaufsichtigt mit Hund und Wagen losziehen, führen Sie den Hund immer zusätzlich an einer Führleine. Stundenlanges Wagenziehen artet in pure Arbeit aus und muß nicht sein – Ihren kleinsten Sprößling ein Stück während des Spazierganges ziehen macht Ihr Hund dagegen sicher gerne. Und auf dem Kindergeburtstag ist das nächste Mal statt Pony-Reiten Hunde-Kutsche angesagt!

Tip: So ein Wagen ist auch dann sehr praktisch, wenn Sie einen großen Garten zu bewirtschaften haben und darin weite Wege mit Lasten zurücklegen müssen: Erde, Blumentöpfe, Jungpflanzen, Humus – spannen Sie Ihren Hund vor und lassen Sie sich von ihm helfen!

46. Hindernis-Parcours Marke Eigenbau

Sie brauchen dazu: ein etwas größeres Gartengrundstück, möglichst eingezäunt, diverse Hindernisse

Während Hunde in früheren Zeiten aus ganz praktischen Gründen vors Wägelchen gespannt wurden (siehe dazu unser Original-Foto aus dem Jahr 1944), machen wir das heute zur Freude unserer Kinder, oder lediglich für kleine Hilfsarbeiten.

Spezielle „Hunde-Wagen"

gibt es im Fachhandel allerdings nicht (zumindest kennen wir keine), Marke Eigenbau ist daher angesagt. Was ist dabei zu beachten: Das Brustgeschirr muß gut sitzen und darf nicht scheuern. Zu Beginn muß sich Ihr Hund an den Wagen und seine Geräusche gewöhnen, lassen Sie

Fördert:

Selbstbewußtsein, Führigkeit, Mut, Konzentration, geistige Regheit, macht einfach Spaß

Sie würden wahnsinnig gern mit Ihrem Hund Agility-Sport oder etwas ähnliches betreiben, es findet sich jedoch kein Verein dafür weit und breit? Dann bauen Sie sich – vielleicht gemeinsam mit befreundeten Hundehaltern – selbst einen kleinen Hindernis-Parcours:

● Besorgen Sie sich lange Holzstangen, die Sie unten anspitzen, bunt anmalen und zum Slalomlaufen variabel in die Erde stecken können. Sie eignen sich auch, um Start und Ziel eines Parcours zu markieren.

● Eine alte Blech- oder Plastiktonne, bunt angemalt, eignet sich für mittelgroße und größere Hunde wunderbar zum Drüberspringen.

● Aus zwei Holzböcken und einer langen Holzdiele können Sie ohne großen Aufwand einen Laufsteg für Ihren Vierbeiner bauen.

● Aus einem Metallgestell und einem ausrangierten LKW-Reifen wird mit wenigen Handgriffen ein Hindernis zum Durchspringen.

● Auch eine Hürde aus Holz ist recht schnell zusammengebaut.

● Wer es sich zutraut, kann seinen Parcours auch noch um eine standfeste Wippe erweitern.

Die Bauweise jedes einzelnen Hindernisses zu beschreiben, würde an dieser Stelle zu weit führen, lassen Sie sich einfach von unseren Fotos inspirieren oder bitten Sie einen geschickten Heimwerker um Hilfe.

Das sollten Sie beim Hinderislaufen beachten:

● Stellen Sie die Hindernisse in wechselnder Reihenfolge auf, damit sich Ihr Hund nicht an eine einzige gewöhnt.

● Wer vorhat, mit seinem Hund turniermäßig an Agility-Turnieren teilzunehmen, sollte sich weiterführende Literatur besorgen und bei sämtlichen Hindernissen Höhe und Aufbaunormen berücksichtigen.

● Gehen Sie beim Einüben ein Hindernis nach dem nächsten an, zwingen Sie Ihren Hund zu nichts und üben Sie mit großem Einfühlungsvermögen: Gewalt führt hier (wie in der ganzen Hundeausbildung) zu nichts!

So ein Steg ist schnell gebaut und macht viel Spaß.

47. Mit Pack-taschen wandern

Sie brauchen dazu:
gut sitzende Packtaschen, die Sie im Hundezubehör-Fachhandel Ihrem Hund anpassen lassen

Fördert:
Ausdauer, Führigkeit, Selbstvertrauen, körperliche Ausgeglichenheit, stärkt die Bindung zu Ihnen

Sie wandern leidenschaftlich gern und lang und immer richtig zünftig mit Rucksack und Vesper? Ihr Hund ist selbstredend immer dabei? Dann besorgen Sie sich Packtaschen und lassen Sie ihn seine Futterration samt Schüssel und andere Kleinigkeiten tragen. Hunde lieben es, ihren Menschen Arbeit abzunehmen und sind unheimlich stolz darauf, gemeinsam mit ihnen eine Last zu tragen.

Neben dem praktischen Nutzen, den diese Freizeitidee für Sie hat, stärkt sie außerdem die Konzentrations- und Navigationsfähigkeit Ihres Hundes in schwergängigem Gelände, auf schmalen Pfaden oder Brücken.

Ganz wichtig: Gewöhnen Sie Ihren Hund langsam an das Gewicht der Packtaschen. Beginnen Sie mit ca. 5% seines Eigengewichtes, steigern Sie es pro Marsch bis auf max. 15%. Das ist außerdem wichtig:

● Wählen Sie für Ihren ersten Marsch eine Route, die Sie kennen.

● Achten Sie auf eine gleichmäßige Gewichtsverteilung in beiden Packtaschen; lassen Sie Ihren Hund keine empfindlichen, zerbrechlichen Sachen tragen.

● Führen Sie Ihren Hund immer an der (langen) Leine, während er Packtaschen trägt; für Spielen und Toben bleibt in den Pausen genügend Zeit.

● Überfordern Sie Ihren Hund nicht bei zu heißer Witterung, machen Sie sich mit den ersten Anzeichen eines Hitzeschlags vertraut, so daß Sie im Notfall entsprechend handeln können.

● Pausen sind wichtig – für Sie und Ihren Hund! Bieten Sie ihm immer wieder Wasser an.

Freudig trägt er seine Packtasche, denn darin sind die Leckerlis.

48. Eine Nacht unter freiem Himmel

Sie brauchen dazu:
etwas Abenteuerlust, Campingausrüstung, einen Anbindepflock für den Hund, längeres Anbindeseil, kleine Notfallapotheke (die sollten Sie bei längeren Wanderungen immer dabei haben)

Fördert:
Mut, Selbstvertrauen, Wachsamkeit, die Bindung zu Ihnen, macht einfach Spaß

Bei einer so guten Bewachung macht Campen doppelt so viel Spaß.

Kleines Abenteuer gefällig? Dann planen Sie in eine Ihrer nächsten Tageswanderungen einfach eine Übernachtung unter freiem Himmel mit ein. Na gut, mit Zelt geht's natürlich auch ... Ein Abenteuer wird es so oder so, und das nicht nur für Sie, sondern für Ihren Hund erst recht! Sie dürfen gespannt sein, wie Ihr Hund auf eine Übernachtung draußen reagiert: Ist er ängstlich, sucht Ihre Nähe? Reagiert er wachsam, paßt die ganze Nacht treu auf Sie auf? Oder schließt er einfach die Augen und schnarcht wie zu Hause auch?

Das sollten Sie beachten, wenn Sie mit Hund unter freiem Himmel campen gehen:

● Nutzen Sie entweder eine Anbindespirale, binden Sie ihn an einen Baum oder nehmen Sie den Hund mit ins Zelt; lassen Sie ihn keinesfalls frei laufen, während Sie schlafen.

● Verzichten Sie auf ein waldnahes Lager; Wildschweine und andere Tiere könnten sich durch Sie gestört fühlen und aggressiv reagieren, wenn sie gerade Jungtiere aufziehen.

49. Wie ein Fisch an der Angel

Sie brauchen dazu:
eine lange Rute, eine feste Gummilitze, ein Spielzeug, welches sich anbinden läßt

Fördert:
Reaktionsschnelle, macht einfach Spaß

Was Katzenherzen höherschlagen läßt, erfreut auch manche Hunde: Gerade kleinere Rassen sind mit Feuereifer dabei, wenn es darum geht, der „Beute" hinterherzuspringen, sie zu packen und „totzuschütteln". Wem Balliwerfen irgendwann einmal langweilig wird, hat mit dem Angelspiel eine nette Alternative, die einen entscheidenden Vorteil hat: Sie ist weder schweißtreibend noch anstrengend!

50. Eine Nachtwanderung machen

Sie brauchen dazu:
ein paar Leute, die mitmachen, Zubehör siehe unten

Fördert:
die Bindung zwischen dem Hund und Ihnen, macht einfach Spaß

Sie wollten schon immer einmal wissen, wie Ihr Hund unter fremden Bedingungen reagiert? Ob er Sie gegen einen Angreifer verteidigen würde? Oder ob er am liebsten zu Ihnen auf den Arm wollte, sobald es nachts draußen im Gebüsch raschelt? Bei einer Nachtwanderung können Sie die Reaktionen Ihres Hundes hautnah erleben und sich selbst im Dunkeln ein wenig gruseln...

Hundesportvereine bieten solche organisierten Nachtwanderungen gelegentlich an – fragen Sie wegen Teilnahmemöglichkeiten nach. Oder tun Sie sich mit anderen Hundehaltern und deren Familien zusammen und organisieren Sie selbst etwas: Stecken Sie eine Strecke (am besten einen Rundweg) ab und verteilen Sie an strategisch festgelegten Punkten verschiedene „Überfallkommandos": Das kann ein Gespenst im wehenden Gewand sein, das urplötzlich quer über den Weg hüpft. (Achtung! Führen Sie Ihren Hund unbedingt an der Leine, sonst hüpft Ihr Gespenst nur einmal freiwillig über den Weg.) Oder lautes Dosengeschepper, das Knall auf Fall hinter Ihnen ertönt. Oder ein vermeintlich Betrunkener, der Sie nach Feuer fragt. Oder... Lassen Sie Ihrer Phantasie freien Lauf! Ein gemütliches, anschließendes Beisammensein, bei dem sämtliche Helden- und Schandtaten genüßlich besprochen werden, rundet so eine Nachtwanderung ab.

Eine Nachtwanderung ist nicht nur für die beteiligten Hunde ein besonderes Erlebnis.

51. Frisbeespielen

Sie brauchen dazu:
ein Hundefrisbee
Fördert:
Reaktionsschnelle, Herz-Kreislauftraining, Sprungkraft

Hochkonzentriert wartet der Hund auf Herrchens Wurf.

Eines muß gleich zu Beginn gesagt werden: Am Frisbeespielen scheiden sich die Hundegeister: Die einen finden es mega-gut und können nicht genug davon kriegen – die anderen finden es schlichtweg doof und bemühen sich nicht einmal, nach der flinken Scheibe zu schnappen. Die ersteren entwickeln jedoch bald artistische Fähigkeiten und Sie können regelrecht zuschauen, wie der hündische Ehrgeiz, die Scheibe noch im Flug zu bekommen, von Mal zu Mal wächst. Und das Können mit dazu!

Voraussetzung ist, daß Ihr Hund kerngesund ist und keinerlei Probleme mit Sehnen, Knochen und Bändern hat, denn das Hochspringen und Auf-dem-Boden-Aufkommen ist eine hohe Belastung. Ein paar Würfe während des Spaziergangs stellen allerdings noch keine gesundheitliche Gefährdung dar, nur übertrei-

ben sollte man hier – wie überall – nicht. Ganz wichtig: Die Schlüsselworte „Bring!" und „Aus" müssen sitzen, sonst ist die Scheibe gleich beim ersten Spiel zerfetzt ...

52. Eins-zwei-drei-Verstecken!

Sie brauchen dazu:
einige willige Mitspieler, denen Sie ein paar Leckerlis mitgeben
Fördert:
Suchtrieb, Selbstbewußtsein, macht einfach Spaß

Diese Freizeitidee ist leicht erklärt und läßt sich ebenso leicht in jeden Spaziergang mit der Familie einbauen: Lassen Sie Ihren Hund absitzen und warten Sie gemeinsam mit ihm ab, bis sich die anderen Familienmitglieder im Gelände versteckt haben. Die Verstecke sollten dabei weder zu schwierig noch zu weit voneinander entfernt sein, außerdem sollten Sie dieses Spiel nur dort probieren, wo Sie Ihren Hund gefahrlos von der Leine lassen können.

Schicken Sie dann Ihren Hund mit Handzeichen und dem Schlüsselwort „Such!" los. Sie können vorher vom

„Such mich!" Ein Spaß für alle Hunde und Kinder.

53. Der Memory-Spaziergang

Sie brauchen dazu:
einen alten Ball, Stoffetzen
o.ä., dessen Verlust erträglich
wäre
Fördert:
das Erinnerungsvermögen

Dieses kleine Spiel ist
schnell erklärt: Als passionier-
ter Spielpartner haben Sie auf
Ihren Spaziergängen sowieso
immer die Taschen voll mit
Ball und Leckerlis. Verstecken
Sie einfach den Ball oder einen alten Stoffetzen zu Beginn Ihres Spazierganges mit
viel Zeremoniell vor den Augen Ihres Hundes unter einem Stein oder Grasbüschel.
Nun wird es spannend: Erin-
nert sich Ihr Hund auf dem
Heimweg an das Versteckte?

54. Helfer im Obst-garten

Sie brauchen dazu:
nichts
Fördert:
die Gesundheit

Rohkost ist gesund – für

Versteckten auch ein Klei-
dungsstück erbitten (Schal,
Mütze, Taschentuch) und
den Hund daran riechen lassen, bevor Sie ihn los-
schicken. So funktioniert die
Verknüpfung garantiert! Hat
Ihr Hund erst einmal jeman-
den gefunden, bekommt er
von demjenigen ein Leckerli
verabreicht und wird gelobt.
Dieses Verstecken-Spielen
macht vor allem Kindern riesig viel Spaß!
    Übrigens: Die Ausbildung
von Spür- und Rettungshun-
den funktioniert nach einem
ähnlichen Prinzip.

Sie und Ihren Hund! Zeigen Sie ihm im Garten oder auf Ihren Spaziergängen, daß er Äpfel und Pflaumen, Brombeeren und andere Früchte essen kann. Lassen Sie ihn dabei – soweit möglich – selbst die Früchte holen. Es gibt Hunde, die ganz verrückt sind auf diese Art von Rohkostverzehr.

 Tip: *Achtung bei Fallobst, das schon länger liegt. Hier ist die Gefahr, daß Ihr Hund von einer Biene oder Wespe gestochen wird, groß. Halten Sie Ihren Hund davon fern.*

55. Einen Slalom laufen

Sie brauchen dazu:
eine natürliche Slalommöglichkeit (Baum-Allee, Anpflanzung von Obstbäumen)
Fördert:
Führigkeit, Wendigkeit

Slalomlaufen macht Spaß, fördert das geschmeidige Bei-Fuß-Laufen und macht aus Ihnen und Ihrem Hund bald ein eingespieltes Team. Deshalb sollten Sie, wann immer sich die Gelegenheit bietet, diese beim Schopf greifen und ei-

nen zackigen Slalom hinlegen. Sie können gemeinsam laufen oder dem Hund beibringen, den Slalom alleine zu bewältigen: Führen Sie ihn dazu per Fingerzeig, mit oder ohne Leckerli, durch den Slalom.

Lassen Sie sich Zeit, bis der Hund erkennt, um was es bei dieser Übung eigentlich geht. Was uns so einfach erscheint, ist für unsere Hunde eine relativ schwierige Aufgabe, die Intelligenz, Wendigkeit und Führigkeit zugleich bedarf.

56. Kletterübungen

Sie brauchen dazu:
natürliche Klettermöglichkeiten, Holzsprossenleiter oder Holzbohle
Fördert:
Sportlichkeit, Mut, Selbstvertrauen, Wendigkeit

Sie sind von den Vorführungen Ihrer hiesigen Rettungshundestaffel fasziniert? Ganz besonders bewundern

Slalomlaufen durch eine Baumreihe bringt den Kreislauf in Schwung.

Sie die Kletterfähigkeiten dieser tollen Hunde? Dann probieren Sie doch einfach einmal aus, ob auch Ihr Wau sich zum „Klettermaxen" eignet: ein umgefallener Baumstamm, Strohballen auf Stoppelfeldern oder eine auf zwei Böcken aufgebaute Bohle – über alles können Sie Ihren Hund führen, ihn hochklettern und hinabspringen lassen.

Achtung: *Stapelholz im Wald immer erst auf seine Standfestigkeit prüfen, bevor Sie Ihrem Hund den Sprung nach oben erlauben. Kommt so ein Stapel Baumstämme nämlich ins Rutschen, kann sich ein Hund hoffnungslos darin einklemmen.*

57. Alpin-Wanderungen mit Hund

Sie brauchen dazu:
eine Wanderausrüstung für Sie, Erste-Hilfe-Set für Sie und Ihren Hund, gute Wanderkarten

Fördert:
Kondition

Alpin-Wanderungen sind nur etwas für Könner und für Hunde schon gar nicht geeignet, meinen Sie? Da müssen wir Ihnen wiedersprechen: In der Zwischenzeit gibt es für Wanderer mit Hund sogar schon sehr gute Literatur und Kartenmaterial, aus dem jeder Klettersteig, jede Info, die für Leute mit Hund wichtig sein

![Wer sucht, der findet: Klettermöglichkeiten gibt es fast überall.]

Wer sucht, der findet: Klettermöglichkeiten gibt es fast überall.

Alpine Wanderungen sind ideal für sportliche Hunde und Menschen.

könnte, ersichtlich wird. Mehr als den Hinweis auf diese Möglichkeit der Freizeitgestaltung können wir Ihnen an dieser Stelle nicht geben, denn alles weitere würde den Rahmen sprengen. Wir meinen jedoch: Warum nicht einmal zusammen mit dem Hund in den Alpen wandern, statt Baden im Mittelmeer?

58. „Ski-Jöring" mit dem Hund

Sie brauchen dazu:
ein Zuggeschirr mit langen Leinen, einen Brust- oder Bauchgurt (Bergsteigerbedarf oder Marke Eigenbau, zur Not tut's auch ein Trapez aus dem Windsurferbedarf)
Fördert:
Ausdauer, Führigkeit

Es ist inzwischen Winter, eine dicke Schneeschicht verhüllt die Landschaft und Ihr Fahrrad ist eingemottet? Dann ist jetzt die Zeit gekommen, um einen weiteren sportlichen Höhepunkt mit Ihrem Partner Hund anzugehen: Ski-Jöring mit Hund. Mit Pferden ist es seit vielen Jahren eine bekannte und eine heißbegehrte Sportart, die wir Hundehalter uns nicht entgehen lassen wollen! Beim Einüben und Ausführen gelten im großen und ganzen die unter Freizeitidee Nr. 44 „Sich auf dem Fahrrad ziehen lassen" angeführten Punkte. Die dabei benötigten Schlüsselworte sind auch hier gebräuchlich, zusätzlich muß Ihr Hund sich nun an Ihre Langlaufski und die damit verbundenen Geräusche gewöhnen. Üben Sie unbedingt abseits der gespurten Loipen; später können Sie auch Loipen aufsuchen, auf denen Hunde erlaubt sind. Aber Achtung: Gehorsam und Dis-

Das Schlüsselwort „Halt" muß hier funktionieren, sonst endet der Ausflug vielleicht böse.

ziplin sind bei dieser Sportart das A und O!

Als einfachere Alternative bietet sich hier das Langlaufen mit Hund (siehe nächste Idee) an.

59. Mit dem Hund skilanglaufen

Sie brauchen dazu:
siehe Freizeitidee Nr. 36 „Dogging statt Jogging", außerdem Langlaufski
Fördert:
Ausdauer, Führigkeit

Wintersport mit Hund ja – Ski-Jöring nein? Dann probieren Sie's mal mit dem guten alten Skilanglauf. In vielen Skigebieten gibt es inzwischen spezielle Hunde-Loipen, auf denen Vierbeiner erlaubt sind. Was Aufbau und Ablauf des Trainings betrifft, können Sie sich an Freizeitidee 36 orientieren. Das sollten Sie beim Skilanglauf mit Hund außerdem beachten:
● Nehmen Sie auf längeren Touren eine Flasche Wasser mit, damit Ihr Hund nicht vor lauter Durst Schnee frißt und sich dabei aufgrund des Kälteschocks eine entzündete Ma-

genschleimhaut zuzieht.
● Nehmen Sie bei kleineren Hunden auf längeren Touren zur Sicherheit außerdem einen Trage-Rucksack mit.
● Ist Ihr Hund von Natur aus nicht gerade mit einem dicken Unterfell ausgestattet, sollten Sie ihm beim Rasten eine isolierende Folie unterlegen.
● Ob Langlauf oder Ski-Jöring – nach dem Sport kühlen auch Hunde mit dickem Fell schnell aus. Längeres Warten im Auto sollte daher unbedingt vermieden werden. Schnell heim ins Warme, lautet der beste Grundsatz!

Ski-Langlaufen mit Hund ähnelt dem zügigen Bei-Fuß-Gehen.

● Prüfen Sie nach dem Wintersport immer die Pfoten Ihres Hundes sorgfältig auch auf kleinste Verletzungen und Risse durch Eis, Schnee oder Streusplit.

60. Den Hund vor den Schlitten spannen

Sie brauchen dazu:
einen Holzschlitten, ein Zuggeschirr
Fördert:
Führigkeit, macht einfach Spaß

Niemals dürfen kleine Kinder allein mit Hund und Schlitten losziehen!

„Wir haben alles durchgespielt, und jetzt sind wir schön müde.“

Hier haben wir eine wundervolle Freizeitidee, von der vor allem Ihre Kinder begeistert sein werden. Die Vorgehensweise ist gleich der in Freizeitidee Nr. 45 auf Seite 91. Auch hier gilt, daß sich der Hund erst langsam und schrittweise an das Zuggeschirr und das ungewohnte Gefährt hinter sich gewöhnen soll. Begleiten Sie Kind und Hund, wenn Sie auf Straßen unterwegs sind. Übrigens ist es beim Rodeln praktisch, wenn der Hund den leeren Schlitten den Berg wieder hinauf zieht.

Und nun bleibt uns nur noch eines übrig: Ihnen viel Spaß zu wünschen!

Jede Hund-Mensch-Beziehung ist anders

Noch Fragen zum Spielen?

Viele Fragen und Antworten, viele Spiel- und Freizeitideen sind in den letzten Kapiteln angesprochen worden. Nun ist es sicherlich nicht so, daß jedes Spiel gleich interessant für Sie ist, jede Freizeitbeschäftigung einen gleich hohen Reiz auf Sie und Ihren Hund ausübt.

Das ist gut so. Denn eines sollten wir zu keinem Zeitpunkt vergessen: Hunde sind Individuen wie wir – Persönlichkeiten mit eigenen Vorlieben und Abneigungen, mit Fähigkeiten und kleinen Schwächen. Diese gilt es zu akzeptieren. Einen ungelenken, weniger sportlich veranlagten Hund zu Höchstleistungen mit der Frisbeescheibe zu zwingen, wäre grundverkehrt und widerspräche dem Prinzip des Spielens als sinnvolle Freizeitbeschäftigung für unseren Hund ganz und gar.

Schließlich würde auch niemand auf den Gedanken verfallen, einen Hütehund in einem Hunderennen einzusetzen oder einen Windhund als Begleiter im Wach- und Schließdienst. So, wie es rassetypische Merkmale und Eigenheiten zu berücksichtigen gilt, so sollten wir auch die ureigene Hundepersönlichkeit unseres vierpfotigen Partners nie aus den Augen lassen. Nur: Wann tun wir in dieser Richtung zu viel des Guten? Sollte uns nicht daran gelegen sein, Schwä-chen wie Faulheit, geistige oder körperliche Trägheit unseres Hundes zu verringern?

Eine allgemeingültige Antwort kann es natürlich auch hier nicht geben. Jeder Hund ist anders; und so muß auch jede Antwort anders ausfallen.

Im folgenden haben wir einige Fragen gesammelt, die im Laufe unserer Recherchen an uns gestellt worden sind. Auch wenn nicht alles für Sie und Ihren Hund zutrifft: Lassen Sie sich von unseren Antworten inspirieren, den eigenen Weg für sich und Ihren Hund zu finden.

Frage: Mein Hund ist ein absoluter Spielmuffel. Statt herumzutoben, liegt er lieber träge auf seinem Sessel oder seiner Matratze und schaut uns zu. Was können wir tun, um unseren Hund zum Spielen zu bringen?

Antwort: Aus Ihrem Brief geht leider nicht hervor, wie alt Ihr Hund ist oder zu welcher Rasse er gehört. Sollte er bereits zu den Senioren der Hundewelt gehören, dann ist es ganz in Ordnung, daß er nicht mehr wie ein Junghund herumtollen mag. Lassen Sie ihm seine Ruhe, bzw. lassen Sie ihn selbst entscheiden, inwieweit er sich über sein normales Bewegungspensum hinaus engagieren möchte. Sollte Ihr Hund einer Rasse angehören, zu deren Merkmalen eine gewisse phlegmatische Lebenseinstellung gehört, werden Sie ihn ebenso kaum zum Toben anregen können.

Anders sieht es aus, wenn Ihr Hund übergewichtig ist. Ein dicker Hund ist kein glücklicher Hund. Er wird träge und lustlos, ganz zu schweigen von den gesundheitlichen Problemen, die ein dicker Vierbeiner mit der Zeit bekommt. In diesem Fall sollten Sie sein Futter et-was reduzieren, bis er wieder Normalgewicht hat, und Sie werden sehen, daß seine Spielfreude von ganz alleine zurückkehrt!

Frage: Arco ist ein ganz lieber, achtjähriger Irischer Setter. Nur, wenn es um seinen Teddy (ein ausrangiertes Stück unserer Kinder) geht, versteht er keinen Spaß. Besitzergreifend knurrt er jeden an, der es auch nur wagt, in Teddys Nähe zu kommen. Da wir öfter kleine Kinder zu Besuch haben, ist mir sein Verhalten unangenehm. Was können wir tun?

Antwort: Hier sind Sie als „Erziehungsberechtigter" Ihres Hundes gefragt, und zwar schleunigst! Machen Sie

Einem so übergewichtigen Hund fehlt der Schwung zum Spielen. Abnehmen ist angesagt!

Ihrem Arco unmißverständlich klar, daß Sie das absolute Recht haben, seinen Teddy wegzunehmen. Sollte er Sie anknurren, lassen Sie sich nicht beeindrucken. Sagen Sie laut und bestimmt „Nein!", notfalls können Sie ihn auch am Nackenfell schütteln. Zeigen Sie Angst, haben Sie in seinen Augen als „Leithund" versagt und es kann passieren, daß Arco Sie nicht mehr akzeptiert.

Dasselbe konsequente Verhalten sollten Sie an den Tag legen, wenn er Ihre Kinder anknurrt. Denn Kinder sind mit einer solchen Situation überfordert. Die Rangordnung im „Rudel" zu sichern liegt im Aufgabenbereich des Chefs, nicht in dem seiner Kinder. Das gleiche gilt für Arcos Verhalten gegenüber anderen Kindern. Um hier allerdings Unfälle zu vermeiden, sollten Sie Arco und seinem Teddy während der Anwesenheit von Kleinkindern in einem Nebenraum seine Ruhe gönnen.

Frage: Wir würden gerne mehr mit unserem Hund spielen, vor allem kleine Kunststückchen finden wir toll. Nur: Unsere Anka will einfach nicht kapieren, was wir von ihr wollen. Sind wir nun zu dumm, oder ist es unser Hund?

Antwort: Es kommt immer darauf an, welcher Art Ihre „Kunststückchen" sind. Vielleicht ist Ihre Anka einfach damit überfordert? Nicht jeder Hund eignet sich für akrobatische Übungen, genausowenig, wie sich jeder Mensch zum Trapezkünstler eignet. Bringen Sie ihr daher lieber etwas einfachere Dinge bei, wie z.B. Laut zu geben auf ein bestimmtes Schlüsselwort hin, oder Ihre Schuhe zu bringen, wenn Sie das Haus verlassen

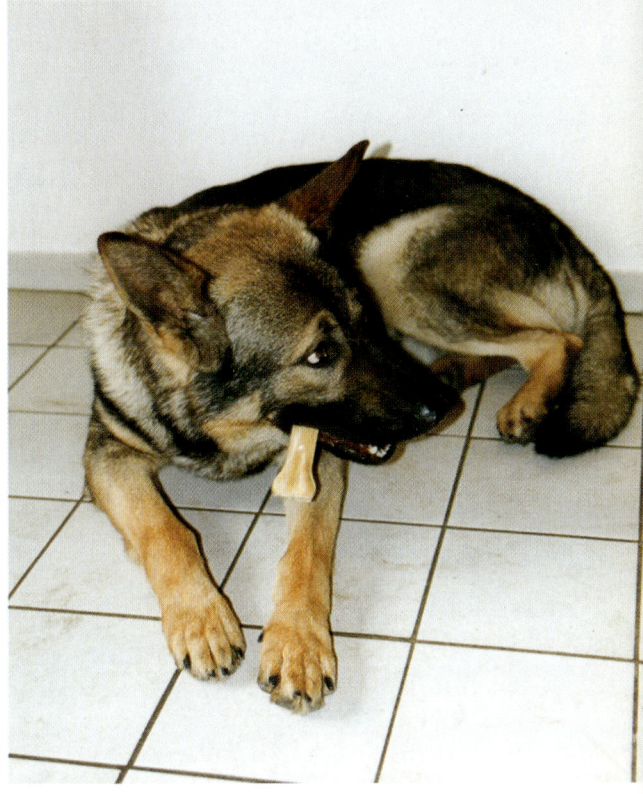

Vorsicht! Dieser Hund könnte seinen Knochen verteidigen.

wollen. Wenn Sie dies Ihrer Anka richtig beibringen, haben sowohl Sie wie auch Ihr Hund ein Erfolgserlebnis.

Frage: Spielen ist für unseren Max die größte Freude. Seit wir ihn vor drei Jahren aus dem Tierheim geholt haben, vergeht kein Tag, an dem nicht gespielt wird. Nur eines macht uns traurig: Mit anderen Hunden kann Max einfach nichts anfangen. Er ist zwar Gott sei Dank nicht bissig, dafür läßt er jeden anderen Vierbeiner einfach links liegen. Wir finden das schade, denn muß ein

Hunde müssen von klein auf das Spielen mit Artgenossen lernen.

Hund nicht auch Kontakt zu anderen Hunden haben?

Antwort: Im Prinzip haben Sie vollkommen recht: Ein Hund ist ein sehr soziales Lebewesen und braucht für seine psychische Gesundheit viel Kontakt sowohl zu Artgenossen wie auch zu Menschen. Wie Sie schreiben, haben Sie Ihren Max aus dem Tierheim. Bei diesen Hunden kennt der neue Besitzer oft nicht die Vorgeschichte, d.h. höchstwahrscheinlich entzieht sich Max' Welpenalter und seine Jugend mitsamt allen seinen so immens wichtigen Prägungsphasen Ihrer Kenntnis. Sollte es Ihrem Max aus irgendwelchen Gründen in dieser Zeit versagt geblieben sein, soziale Kontakte zu anderen Hunden aufzubauen, so hat er Spielen mit Artgenossen nie richtig gelernt. Er ist glücklich, wenn er mit Ihnen, seinem Partner Mensch, spielen darf. Es spricht allerdings für ihn, daß er trotz fehlender Kontakte zu Artgenossen kein Raufer geworden ist.

Frage: Hilfe, unser Hund läßt sich bei jedem noch so spannenden Spiel ablenken! Wenn sich beispielsweise unsere Kinder beim gemeinsamen Spaziergang hinter einem Strauch verstecken, und wir unseren Benji auffordern, sie zu suchen, dann beginnt er zwar mit der Suche, vergißt aber schon beim nächsten Mauseloch seine eigentliche Mission. Machen wir etwas falsch?

Antwort: Wenn sich ein Hund von einem Spiel durch Mäuse, Hasen oder sonstiges Wild leicht ablenken läßt, könnte es daran liegen, daß Ihr Benji einer Jagdhunderasse angehört. Bei ihnen ist das Interesse an Jagdwild seit Generationen genetisch fixiert worden, d.h. die besten „Jäger" haben in ihrer Rasse durch Zucht ihre Veranlagungen weitergegeben. Nicht nur „Jagdhunde" an sich gehören dazu, sondern auch die als Familienhunde so beliebten Dackel, Terrier, Spaniels oder Labrador-Retriever. Dann ist es natürlich schwer, Ihren Hund für ein anderes Spiel zu begeistern, wenn ihm gleichzeitig der Duft einer Maus in die Nase steigt!

Eine andere Möglichkeit für sein Desinteresse wäre die, daß Ihre Kinder nicht unbedingt zu seinen wichtigsten Bezugspersonen gehören. Versuchen Sie einmal, was passiert, wenn Sie selbst sich irgendwo verstecken. Sicherlich wird er für sein Herrchen bzw. seinen „Leithund" jedes Mauseloch links liegen lassen!

Frage: Unsere Sandy ist eine drei Jahre alte Labrador-Retriever-Hündin. Seltsamerweise findet sie kaum Gefallen

Dem einen liegt das Apportieren, dem anderen mehr das Fährtenlesen.

an Apportierspielen, dafür hat sie eine gute Nase und das Fährtensuchen macht ihr viel Spaß. Wie kommt es dazu?

Antwort: Im allgemeinen haben alle Jagdhunderassen, wie auch Labrador und andere Retriever, eine ausgeprägte Veranlagung zum Apportieren. Diese Hunderassen wurden über Generationen hierfür gezüchtet, d.h. ihr Bringtrieb wurde „genetisch fixiert". Aber auch bei diesen Hunden gibt es die eine oder andere Ausnahme, wie es auch bei Menscheneltern, die beide z.B. Professoren sind, vorkommen kann, daß ihr Sohn als Erwachsener einmal lieber einen handwerklichen Beruf ergreift. Vielleicht hatte Ihre Sandy in ihren Ahnenreihen eine Großmutter, die auch nur sehr ungern apportierte, und deren Veranlagung Ihr Hund geerbt hat. Spielen Sie mit Ihrer Sandy also lieber Suchspiele, bei denen sie ihre gute Nase einsetzen kann, woran sie denn auch wirklich Spaß hat.

Frage: Wir haben einen mittelgroßen Mischlingshund namens Alex, von dem wir vermuten, daß zumindest ein Elternteil viel Windhundblut hat. Alex ist ein prima Fahrradbegleithund und wir haben ihn langsam auf immer längere Distanzen trainiert. Mittlerweile fährt mein Mann ca. 25 bis 30 km pro Woche mit ihm. Nun haben wir davon gehört, daß Hunde von übermäßigem Fahrradtraining ein Sportlerherz bekommen, welches ihnen später schwer zu schaffen machen soll. Was bedeutet das? Müssen wir mit unserem Training aufhören, obwohl Alex kerngesund ist und es über alles liebt?

Antwort: 25 bis 30 km in der Woche am Fahrrad zu traben stellt für einen gesunden, mittelgroßen Hund kein Problem dar. Ganz besonders nicht für einen Hund, der eng mit den Laufhunden verwandt ist, welchen ausdauernde Bewegung besonderen Spaß macht. Wären es allerdings 25 bis 30 km täglich an Laufpensum, muß ich Ihnen bestätigen, daß hierbei auch ein Hund oben erwähntes „Sportlerherz" (ein vergrößertes Herz für außergewöhnliche Leistungen und Belastungen) bekommen kann. Sollte er dann aufgrund seines fortschreitenden Alters nicht mehr trainiert werden, kann ihm das vergrößerte Herz tatsächlich Probleme bereiten, die dann vom Tierarzt behandelt werden müssen. Vermeiden läßt sich dies durch ein reduziertes Fahrradtraining. Fahren Sie pro Tag höchstens ca. 5 bis 10 km, wobei der Hund locker traben können sollte. Ein normales, gesundes Hundeherz verkraftet diese Belastung problemlos.

Frage: Wir haben unserem Hund eine sogenannte Hunde-Frisbeescheibe gekauft. Nun sind wir etwas enttäuscht: Egal, wie wir das Frisbee auch werfen, unserem Hund gelingt es einfach nicht, die Scheibe zu fangen. Ist das normal?!

Antwort: Auch bei Hunden gilt, wie bei uns Menschen: Jeder ist einmalig, jeder hat seinen eigenen Charakter, seine eigene Persönlichkeit und seine eigenen Fähigkeiten. Nicht jeder Hund bringt es auf dem Gebiet des Frisbee-Fangens zu weltmeisterlichen Leistungen. Spielen Sie mit ihm lieber etwas, was er besser kann und − ganz wichtig! − wofür Sie ihn ausgiebig loben können. Versuchen

Sie, ob er mit einem Ball, den Sie werfen, besser zurechtkommt und diesen eher einschätzen und fassen kann. Ihr Hund wird über seine Erfolge überglücklich sein!

Frage: Spiele sind für unsere Molly nur dann interessant, wenn sofort eine freßbare Belohnung auf dem Fuß folgt! Manchmal glaube ich, sie spielt nur um der Leckerlis willen. Ist nur unser Hund so verfressen?

Antwort: Zuerst einmal: Hunde gehören zur Familie der Caniden, und ihre wildlebenden Vorfahren waren sogenannte „Schlinger". Das bedeutet, sie haben ihr erbeutetes Jagdwild schnellstmöglich und davon so viel wie möglich verschlungen, und zwar in der Reihenfolge ihres Status innerhalb des Rudels. Jeder mußte sehen, daß er genügend abbekam, um zu überleben.

Auch die meisten gesunden Haushunde haben diesen Instinkt noch in sich, auch wenn er gar nicht mehr nötig ist. Im Gegenteil, als Hundebesitzer sollte man darauf achten, daß der Vierbeiner nicht zu dick wird. Ein dicker Hund ist träge, lustlos, unzufrieden und neigt stärker zu Krankheiten; kurzum ein dicker Hund ist kein glücklicher Hund! Mollys „Verfressenheit" ist also erst einmal nicht unnatürlich. Daß sie allerdings nur noch für Leckerlis eine Aufgabe ausführt, ist bedenklich.

Sie sollten daher unbedingt in Zukunft das angebotene Futter immer wieder durch eine Spielrunde ersetzen. Viele Hunde lieben es auch, wenn Herrchen sie zusammen mit überschwenglichem Lob durchkrault.

Graben diente ursprünglich dem Verstecken von Beute.

Frage: Unsere Taiga, eine 2jährige Westhighlandterrierhündin, vergräbt ihr ganzes Spielzeug im Garten, wenn wir sie nicht dauernd im Auge haben. Was bedeutet das und was können wir dagegen tun?

Antwort: Bei Ihrer Taiga kommen zwei Gründe für das Buddeln in Frage: Als erstes ist Vergraben ein Relikt aus der Zeit ihrer wildlebenden Vorfahren. Beutetiere, die vom Rudel getötet worden waren, wurden von den Gruppenmitgliedern auf der Stelle verspeist. War das Beutetier aber größer als das Fassungsvermögen der Canidenmägen, wurden die Reste als Vorrat vergraben. Dieses Verhalten setzt Ihre Taiga bei ihren Spielsachen um.

Hieraus ergibt sich schon der zweite Grund für ihre Grabungen: Taiga hat zu viele Spielsachen. Tatsächlich sollte es so sein, daß Spielzeug grundsätzlich dem Herrchen bzw. Frauchen gehört. Überlegen Sie einmal: wenn Ihr Hund den ganzen Tag neben seinem Spielzeug liegt, verliert es sehr schnell seinen Reiz und ein Spiel damit wird langweilig. Lassen Sie Ihrem Hund höchstens ein Spielzeug oder einen Kauknochen, der noch den Effekt hat, seine Zähne zu reinigen, und räumen Sie alle anderen Spielsachen bis zum Gebrauch weg.

Frage: Jeder Ball, jeder Stock wird von unserem Merlin bei der ersten Gelegenheit in tausend Stücke zerlegt. Woher kommt diese Zerstörungswut?

Antwort: Auch Merlin reagiert wie einst seine Urahnen: Die Beute wird gefaßt, getötet, und zum Fressen in kleine Stücke zerrupft. Diesen Urtrieb reagiert Ihr Hund an Spielsachen oder Holzstöckchen ab. Eine andere Ursache für seine Nagewut könnte im Alter Ihres Hundes begründet sein. Welpen nämlich beginnen ab ca. dem 3. Lebensmonat mit dem Zahnwechsel, der ungefähr mit einem halben Jahr beendet sein sollte. In dieser Zeit kauen sie – wie Menschenbabys – auf allem herum, was sie erwischen. Leider auch oft an der Wohnungseinrichtung. In diesem Fall sollten Sie Ihrem Hund als Alternative Kauknochen anbieten, die er benagen und somit seinen Zahnwechsel beschleunigen kann.

Frage: Da ich berufstätig bin und auch noch meinen ganzen Haushalt machen muß, bleibt mir zwar Zeit zum Gassigehen, doch zum Spielen eigentlich nicht. Gibt es auch Spiele, die besonders „schnell" gehen?

Antwort: Versuchen Sie doch einfach, beim Gassigehen ein interessantes Spiel einzubauen. Gassigehen, um das „Geschäftchen" zu verrichten und anschließendes Spielen schließen einander ja nicht aus. Aber selbstverständlich gibt es auch Spiele, die „schnell" gehen. Eine ganz einfache Methode, seinem Hund während des täglichen Rundganges mehr Bewegung zu verschaffen, ist die, seinen Lieblingsball mitzunehmen und diesen einige Male zu werfen. Vergessen Sie nie, Ihren Hund ausgiebig zu loben, wenn er ihn apportiert! Ein anderes „kurzes" Spiel ist, sich unbemerkt vom Hund hinter einem Busch, einer Scheune oder sonstigem Sichtschutz zu verstecken. Ihr Hund wird auf der Suche nach Ihnen alle seine Sinne einsetzen, bis er Sie gefunden hat. Ganz wichtig auch hier: Loben!

Hundehalter, die beim Spaziergang Spiele einflechten, erzielen damit zwei Effekte: Ihr Hund hat insgesamt mehr Bewegung, und die Bindung zwischen den Partnern Mensch und Hund wird dadurch vertieft.

Frage: Ersetzt eine Spielrunde bei schlechtem Wetter auch einmal einen ausgedehnten Spaziergang?

Antwort: Dies sollte die (un-)rühmliche Ausnahme von der Regel bleiben. Ein Hund, der im Haus lebt, sollte wenigstens dreimal am Tag draußen seine Notdurft verrichten können. Seinen großen, einstündigen Spaziergang kann man dann bei sehr schlechtem Wetter auch ausnahmsweise einmal durch Spielen zuhause oder im eigenen Garten ersetzen.

Andererseits... wie heißt es doch so schön? Es gibt kein schlechtes Wetter, nur unpassende Kleidung!

Frage: Wir haben zwei Hunde, Basko und Freya. Die meiste Zeit vertragen sich die beiden gut, nur wenn es ums Spielzeug geht, spielt sich Basko wie wild auf und Freya kommt gar nicht zum Zug. Kann man da etwas dagegen tun?

Antwort: Sowie in einer Familie zwei Hunde gemeinsam leben, nimmt das Beziehungsgeflecht zwischen Herrchen oder Frauchen und den Vierbeinern komplexere Formen an. Und sobald es um Spielzeug geht, kommen Dinge wie Rangordnung zwischen den Hunden sowie Dominanzverteilung zum Tragen. So, wie Sie die Situation hier schildern, ist Ihr Basko der ranghöhere Hund, denn sonst könnte er Freya nicht ihre Spielsachen wegnehmen.

Sie sollten sich möglichst wenig in die natürliche Hierarchie Ihrer Hunde einmischen, die ja im Großen und Ganzen recht friedlich miteinander auskommen. Wenn Sie mit beiden Hunden spielen möchten, müssen Sie einen Zeitpunkt abpassen, an dem Sie Freya alleine für sich haben. Oder Sie nehmen zwei Bälle mit, und während der erste – höchstwahrscheinlich Basko – dem geworfenen Ball hinterherjagt, werfen Sie dem anderen seinen eigenen Ball, allerdings in die entgegengesetzte Richtung. Dies ist vielleicht langweiliger als das gemeinsame Ball-Jagen, aber Sie vermeiden Streit.

Frage: Ich arbeite in einem Reisebüro und mein Chef erlaubt mir, meinen Hund mit in die Arbeit zu nehmen. Gibt es ein Spiel, welches ich zwischen der Arbeit kurz einmal mit Charly spielen kann?

Antwort: Sicherlich gibt es Spiele, die nicht viel Zeit in Anspruch nehmen, und die man auch einmal zwischendurch spielen kann. (Anregungen hierzu finden Sie im großen Spieleteil.) Für Charly aber wäre es sicher angenehmer, wenn Sie ihm nicht zwischendurch ein hektisches kleines Spiel anbieten würden, das jederzeit durch hereinkommende Kunden unterbrochen werden kann (sehr schlecht für den Hund und seine positiven Verknüpfungen!).

Wie wäre es denn, wenn Sie sich einfach noch vor Ihrer Arbeitszeit genügend Zeit nehmen, um mit Ihrem Charly ausgiebig Gassi zu gehen und mit ihm Bewegungsspiele zu machen? Dasselbe können Sie ihm in der Mittagspause bzw. nach Büroschluß anbieten. Ich bin sicher, Charly wird dann in den drei oder vier Stunden, in denen Sie konzentriert arbeiten müssen, zufrieden unter Ihrem Schreibtisch liegen, und Sie können sich beruhigt auf Ihre Kunden konzentrieren.

Frage: Wenn ich meinem Asco einen Ball oder ein Stöckchen werfe, rennt er auch voller Begeisterung hinterher und bringt es mir wieder zurück. Dann allerdings gibt er es nicht mehr her. Ich glaube, er versteht mich gar nicht, wenn ich ihm sage: „Mach Aus".

Antwort: Vielleicht hat Ihr Asco dieses Schlüsselwort nicht richtig gelernt, bzw. hat diesen Begriff nicht mit der richtigen Handlung verknüpft. Vielleicht haben Sie ihm auch, als er ein Welpe war, seine „Beute" zu früh weggenommen. Versuchen Sie es einmal so: Sowie Ihr Hund mit dem Stöckchen ankommt,

Das Totschütteln der Beute ist ein angeborener Trieb, der auch am Sofakissen ausgelebt wird.

loben Sie ihn ausgiebig. Fassen Sie beim Loben auch das Stöckchen an, halten es auch fest, ohne aber einen Besitzanspruch zu provozieren. Lassen Sie von sich aus auch wieder los, damit Ihr Asco merkt, daß Sie ihm den Stock nicht wegnehmen wollen. Dann bieten Sie ihm einen Leckerbissen an, den er wirklich sehr mag, wobei Sie wieder seinen Stock mit der freien Hand ohne zu ziehen festhalten. In dem Moment, in dem Asco sein Spielzeug losläßt, um den Leckerbissen anzunehmen, sagen Sie deutlich das Hörzeichen „Aus" und geben ihm sofort sein Futter. Sie haben somit einen Beutetausch mit Asco gemacht, was für ihn eine angenehme Erfahrung war. Wenn Sie dies in Zukunft einige Male üben, wird er ganz sicher beim Hörzeichen „Aus" sein Spielzeug hergeben.

Frage: Wenn ich mit meiner Pudelin Conchita spiele, kann sie sich so ins Toben hineinsteigern, daß ich sie beinahe nicht mehr bremsen kann. Sie wird dann auch sehr grob und zwickt mich so sehr, daß ich blaue Flecken bekomme. Ist das normal?

Antwort: Viele Hunde mit einer gehörigen Portion Temperament verlieren beim Toben gerne „den Boden unter den Füßen", das heißt, das friedliche Balgen geht in die sogenannte „überschäumende Spielaggression" über. Hören Sie dann sofort mit dem Spielen auf. Sie als „Leithund" bestimmen ganz allein, wann ein Spiel beendet wird. Dies ist sehr wichtig, um Ihre übergeordnete Stellung zu halten und zu festigen.

Wenn Ihr Hund nicht aufhören will und Sie wie verrückt durch Zuschnappen zum Weiterspielen auffordert, ja Sie regelrecht durch seine Attacken dazu zwingen will, nehmen Sie ihn am

Nacken und drücken Sie ihn zu Boden. Sagen Sie laut und deutlich „Nein!". Sollte auch das nicht wirken, nehmen Sie ihn und befördern Sie ihn in einen anderen Raum, zu welchem Sie die Tür zumachen. Spätestens jetzt wird Ihre Conchita bemerken, daß das Spiel schon lange beendet ist, und zwar von Ihrer Seite aus.

Frage: Das einzige Spielzeug, das unserem fünfzehn Wochen alten Border Collie Dusty Spaß macht, ist ein quietschender Gummi-Igel. Nun habe ich von der Kursleiterin unseres Welpenkurses, den ich mit Dusty besuche, gehört, daß Spielsachen, die quietschen, für Hunde nicht so gut geeignet seien.

Antwort: Da hat Ihre Kursleiterin nicht ganz unrecht. Ganz davon abgesehen, daß die Ventile vieler dieser Quietschetiere den Zähnchen eines Welpen nicht standhalten und beim Ver-schlucken für den kleinen Hund eine große Gefahr darstellen, vermutet man auch einen negativen psychologischen Effekt. Vielleicht haben Sie festgestellt, daß Ihr Welpe am Anfang noch gestutzt hat, sobald sein „Spielkamerad" beim Balgen gequiekt hat. Mit der Zeit aber wurde er gleichgültig gegenüber diesem Ton. Kynologen vermuten nun, daß durch ein solches Spielzeug einem jungen Hund regelrecht die naturgegebene Beißhemmung gegenüber einem quiekenden schwächeren Artgenossen aberzogen wird. Entfernen Sie also schleunigst das Ventil, dann darf Dusty den Igel wieder haben. Wenn er es liebt, irgendwelche Töne beim Spielen zu erzeugen, bieten Sie ihm einmal eine Blechdose an, in der sich einige Kieselsteinchen befinden. So ein schepperndes Spielzeug „tönt" auch und härtet ihn gleichzeitig gegen ähnliche Umweltbelastungen ab.

Erfinden Sie eigene Spiel- ideen!

60 Spielideen haben wir Ihnen vorgestellt, viele Fragen und Antworten rund ums Spielen mit dem Hund sind dabei angesprochen worden. Doch das war nur der Anfang: Jetzt sind Sie gefragt!

Erfinden Sie selbst weitere Spielideen, die Ihnen und Ihrem Hund gleichermaßen Spaß machen. Sie könnten beispielsweise:

● sich Rollerblades umschnallen und gemeinsam mit Bello etwas für die Fitness tun,

● Ihren Hund lehren, Küßchen zu geben,

● Ihrem Hund beibringen, daß er allmorgendlich die Decke vom Bett zieht oder Ihnen auf Kommando die Socken auszieht,

● Komissar Rex einige Tricks abschauen und ausprobieren.

Notieren Sie Ihre eigenen Spielideen und teilen Sie uns diese mit, so daß wir sie in zukünftigen Ausgaben dieses Buches berücksichtigen können.

Ihrer Phantasie sind keine Grenzen gesetzt – der Spaß geht immer weiter.

Anhang

Adressen

Verband für das Deutsche Hundewesen
(VDH)
Postfach 10 41 54
D-44041 Dortmund

Deutscher Hundesportverband (dhv)
und Deutscher Verband der Gebrauchs-
hundesportvereine (DVG)
Gustav-Sybrecht-Str. 42
D-44536 Lünen

Südwestdeutscher Hundesportverband
(swhv), Geranienstr. 8
D-73663 Berglen-Stöckenhof

Hundesportverband Rhein-Main
(HSVRM)
Kreuzstr. 55
D-64331 Weiterstadt

Bayerischer Landessportverband für
Hundesport (BLV)
Allinger Str. 97
D-82223 Eichenau

Deutscher Sporthund Verband (DSV)
Hans-Böckler-Str. 48
D-41063 Mönchengladbach

Schutz- und Gebrauchshunde-Sportver-
band (SGSV)
Gottfried-Keller-Weg 10
D-04416 Markkleeberg

Berliner Verband der Hundesportvereine
(BVH)
Saatwinkler Damm 185
D-13629 Berlin

Schweizerische Kynologische Gesell-
schaft (SKG)
Postfach 82 17
CH-3001 Bern

Österreichischer Kynologenverband
(ÖKV)
Johann-Teufel-Gasse 8
A-1230 Wien

Fédération Cynologique Internationale
(FCI)
13, place Albert I.
B-6530 Thuin

Literatur

Beck, Peter: Das Beste für meinen
   Hund. Kosmos-Verlag, Stuttgart 1994.
Brünger, Corinna: Der Berg ruft. Hochal-
   piner Wanderführer für Hund und
   Halter. Pro Hund Verlagswesen, Biele-
   feld.
Morris, Desmond: Warum wedeln
   Hunde mit dem Schwanz? Heyne-Ver-
   lag, München.
Müller, Manfred: Der Leistungsstarke
   Fährtenhund. Oertel & Spörer-Verlag,
   Reutlingen.

Register